教育部职业教育与成人教育司推荐教材
职业院校模具设计与制造专业教学用书

Pro/E 实训教材（第 3 版）

主　编　张晓红

电子工业出版社
Publishing House of Electronics Industry
北京·BEIJING

内 容 简 介

Pro/E 软件以其智能化的建模方式，使用户在产品开发、产品设计中得心应手。它实用性强，比较容易掌握，是目前国内外最流行的 3D 工程设计软件之一。

Pro/E 软件主要包括以下功能：生成零件 3D 图，再由零件 3D 图生成 3D 装配图、2D 工程图、3D 模具图及其数控加工程序。Pro/E 软件所具有的参数化设计功能，极其方便产品设计及图纸的修改，当用户对其中一张图纸进行修改后，与此相关的其他图纸及参数也随之发生相应变化。Creo Elements / Pro 5.0 软件造型方法简单、灵活，并能与 Solidworks、UG、Mastercam 及 AutoCAD 等软件接口。

本书通过零件图形实例的建模过程，使学习者掌握每个建模指令的特点、意义、应用方法和使用技巧。然后，通过综合练习，加强学习者对知识的灵活运用。

本教材可作为职业院校工业造型、数控（CAD/CAM）、模具设计与制造、机电等专业学生的电脑辅助设计课程教材（90～150 学时），也适用于技术技能型紧缺人才的培训和考证。

为了方便教师教学，本书还配有电子教学参考资料包，详见前言。

未经许可，不得以任何方式复制或抄袭本书之部分或全部内容。
版权所有，侵权必究。

图书在版编目（CIP）数据

Pro/E 实训教材 / 张晓红主编．—3 版．—北京：电子工业出版社，2015.4
教育部职业教育与成人教育司推荐教材　职业院校模具设计与制造专业教学用书
ISBN 978-7-121-25565-6

Ⅰ. ①P… Ⅱ. ①张… Ⅲ. ①机械设计—计算机辅助设计—应用软件—职业院校—教材　Ⅳ. ①TH122

中国版本图书馆 CIP 数据核字（2015）第 033532 号

策划编辑：张　凌
责任编辑：张　凌
印　　刷：北京七彩京通数码快印有限公司
装　　订：北京七彩京通数码快印有限公司
出版发行：电子工业出版社
　　　　　北京市海淀区万寿路 173 信箱　邮编　100036
开　　本：787×1 092　1/16　印张：14.25　字数：365 千字
版　　次：2006 年 4 月第 1 版
　　　　　2015 年 4 月第 3 版
印　　次：2025 年 1 月第 12 次印刷
定　　价：29.60 元

凡所购买电子工业出版社图书有缺损问题，请向购买书店调换。若书店售缺，请与本社发行部联系，联系及邮购电话：(010) 88254888，88258888。

质量投诉请发邮件至 zlts@phei.com.cn，盗版侵权举报请发邮件至 dbqq@phei.com.cn。
本书咨询联系方式：(010) 88254583，zling@phei.com.cn。

前　言

　　技能型紧缺人才的培养要把提高学生的职业能力放在突出的位置，加强实践性教学环节，使学生成为企业生产服务一线迫切需要的高素质劳动者。随着科学技术的飞速发展，以及现代制造技术（数控）、信息科学、管理科学的不断引入，机械制造业进一步走向更加科学、先进、规范的管理模式。一些先进的三维设计（CAD/CAM）软件不断应用在机械制造业的产品设计和制造等一系列过程之中。三维造型软件之一的 Creo Elements / Pro 5.0，它既可以清晰、完整地描述零件的几何形状，利用零件的实体数据直接生成零件的工程图、装配图，又可以进行零件的工程分析和制造，在设计过程中还具有参数化的设计功能，使产品设计和制造更加人性化。

　　根据企业对职业院校学生的需求和岗位设置情况，为了满足培养技能型紧缺人才的需求，不断向市场输送职业技能强、工作效率高的毕业生，并使教学改革真正做到"面向企业"，培养应用型人才的需要，我们编写了这本《Pro/E 实训教材》。在编写过程中，力求体现简单、明了、实用性强的特点。首先让学习者对 Creo Elements / Pro 5.0 软件的界面和基本指令有一些了解和认识，然后利用一些不同零件实体的建模特点，把使用 Creo Elements / Pro 5.0 软件进行实体造型、曲面造型中的拉伸、旋转、扫描、放样等建模方法和技巧，由浅入深地有机地展现出来。本书融入编者长期应用 CAD/CAM 软件进行产品设计及教学的经验，根据 Pro/E 三维造型软件的特点，以全面图形范例的方式，逐步引导学习者熟悉并掌握各种零件的零件图的生成、设计与装配方法、模具成型零件的建立等，使学习者轻松地达到学习效果。

　　教材编写中的零件建模实例，力求涵盖机械、塑料、五金等方面的零件。通过每个零件图形实例的建模过程，使学习者掌握此零件图形实例中所涵盖的每个建模指令的特点、意义、应用方法和使用技巧。然后，通过综合练习，加强学习者对知识的灵活运用。

　　本实训教材分为以下 8 项内容。

　　1．应用基础：介绍 Creo Elements / Pro 5.0 软件的基本操作及草图的绘制技巧，让学生了解和掌握 Creo Elements / Pro 5.0 软件的草图绘制技巧和方法。

　　2．实体特征的建立：在 Creo Elements / Pro 5.0 软件中以图形范例的方式，逐步引导学生熟悉并掌握各种零件实体特征的建立方法。

　　3．曲面特征的建立：在 Creo Elements / Pro 5.0 软件中以图形范例的方式，逐步引导学生熟悉并掌握基本零件曲面特征的建立方法。

　　4．零件设计修改：在 Creo Elements / Pro 5.0 软件中以图形范例的方式，逐步引导学生熟悉并掌握各种零件设计方案中参数修改的方法及作用。

　　5．装配体的建立：在 Creo Elements / Pro 5.0 软件中以图形范例的方式，逐步引导学生熟悉并理解由零件 3D 图生成该零件 3D 装配图的建立方法。

　　6．零件工程图的建立：在 Creo Elements / Pro 5.0 软件中以图形范例的方式，逐步引导学生熟悉并理解由零件 3D 图生成该零件 2D 工程图的建立方法。

7．型腔模模型零件的设计：在 Creo Elements / Pro 5.0 软件中以图形范例的方式，逐步引导学生熟悉并理解由零件 3D 图生成该零件 3D 模具图的建立方法。

8．数控加工基础：在 Creo Elements / Pro 5.0 软件中以加工范例的方式，逐步引导学生了解 3D 模具零件的加工方法。同时让学生了解 Creo Elements / Pro 5.0 软件与其他三维造型软件间的相互转换方法。

本教材插图中的词汇、文字、线型等均为该软件所使用的词汇、文字、线型，其中有一些与技术制图、计算机绘图的国家标准不一致，敬请学习者注意。

本书由中山职业技术学院张晓红主编，参加教材编写的人员还有：中山市中等专业学校周志强、中山市技工学校景红、河北科技师范学院樊华、广州市机电中等专业学校张广新、东莞理工学校杨晖等教师。在教材编写过程中还得到了学校领导的大力支持，在此表示感谢！

本书由潘宝权、周文超主审，经过教育部审批，列为教育部职业教育与成人教育司推荐教材。

为了方便教师教学，本书还配有教学实例及习题答案的电子版，请有此需要的教师登录华信教育资源网（www.hxedu.com.cn）免费注册后再进行下载，有问题时请在网站留言板留言或与电子工业出版社联系（E-mail：hxedu@phei.com.cn）。

编 者

2014 年 12 月

目 录
Contents

第1章 应用基础 ·········· 1
- 1.1 Creo Elements / Pro 5.0 软件的进入方法 ·········· 1
- 1.2 Creo Elements / Pro 5.0 软件的界面环境 ·········· 3
- 1.3 Creo Elements / Pro 5.0 软件使用前的准备 ·········· 6
- 1.4 显示控制 ·········· 6
- 1.5 草图绘制 ·········· 7
  - 实例1 扳手 ·········· 8
  - 实例2 卡片 ·········· 12
- 习题 ·········· 15

第2章 实体特征的建立 ·········· 18
- 实例1 支架 ·········· 19
- 实例2 手机面盖 ·········· 26
- 实例3 齿轮 ·········· 36
- 实例4 轴 ·········· 45
- 实例5 阀体 ·········· 49
- 实例6 摄像头底座 ·········· 55
- 实例7 咖啡杯 ·········· 60
- 实例8 螺钉 ·········· 65
- 实例9 照相机面盖 ·········· 69
- 实例10 花瓶 ·········· 76
- 实例11 风扇叶片 ·········· 79
- 实例12 五角星 ·········· 82
- 实例13 把手 ·········· 84
- 习题 ·········· 89

第3章 曲面特征的建立 ·········· 100
- 实例1 盖板 ·········· 100
- 实例2 洗手盆 ·········· 105
- 实例3 回形针 ·········· 109
- 实例4 勺子 ·········· 113
- 实例5 鼠标上盖 ·········· 118
- 实例6 灯罩 ·········· 121
- 实例7 机油瓶体 ·········· 124
- 习题 ·········· 129

第4章 零件设计修改 … 131
实例1 修改零件的尺寸或草图 … 131
实例2 修改零件特征 … 132
实例3 添加零件特征 … 134
实例4 调整零件特征顺序 … 135

第5章 装配体的建立 … 138
实例1 建立阀体的装配体 … 140
实例2 建立阀体装配体的分解视图 … 146
实例3 建立零件装配体，并按图示坐标系测量装 配体的重心坐标 … 147
习题 … 154

第6章 零件工程图的建立 … 157
实例1 创建工程图格式 … 158
实例2 建立支架零件的工程图 … 164
实例3 建立轴零件的工程图 … 169
实例4 建立阀体零件的工程图 … 173
实例5 建立底座零件的工程图 … 178
习题 … 184

第7章 型腔模模型零件的设计 … 188
实例1 设计手机上盖的模具模型零件 … 188
实例2 设计手柄零件的模具模型零件 … 196
实例3 设计咖啡杯的模具模型零件 … 201
习题 … 206

第8章 数控加工基础 … 207
实例 手机模型零件的数控加工 … 207
习题 … 221

第 1 章 应用基础

使用 Creo Elements / Pro 5.0 软件的设计过程是：在确定了 3D 零件的建模方法后，选择适当的建模基准平面绘制 3D 零件在此平面上的投影图，再利用此草绘图按零件构成特点生成 3D 零件图，然后可以利用 3D 零件图生成此零件的 2D 工程图及其数控加工程序；还可以由多个 3D 零件图生成零件的 3D 装配图。不但每一张图纸都具有参数化设计功能，而且它们之间也具有参数化设计功能，即当对其中一张图纸的参数进行修改时，这张图纸的零件形状也随之发生变化，与此相关的其他装配图、2D 工程图、3D 模具图等图纸及参数也随之发生相应的变化，以达到每一张图纸设计、修改工作都能同步进行，避免了设计、修改工作中错误的发生。

1.1 Creo Elements / Pro 5.0 软件的进入方法

当进入计算机屏幕窗口后，用鼠标双击 Creo Elements / Pro 5.0 软件的快捷方式图标（如图 1.1 所示），系统进入 Creo Elements / Pro 5.0 软件启动画面（如图 1.2 所示），并弹出 Creo Elements / Pro 5.0 软件界面环境（如图 1.3 所示）。

图 1.1　Creo Elements / Pro 5.0 软件的快捷方式图标

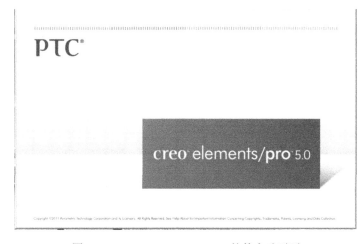

图 1.2　Creo Elements / Pro 5.0 软件启动画面

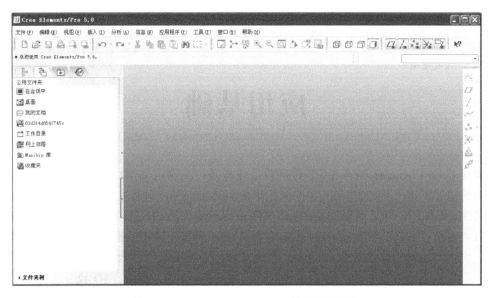

图 1.3　Creo Elements / Pro 5.0 软件界面环境

在进入 Creo Elements / Pro 5.0 软件界面环境后，移动鼠标单击图视工具"新建"图标，或单击主功能菜单"文件"（File）下拉菜单中的"新建"（New）命令（下面用"文件/新建"表示），系统将弹出"新建"对话框（如图 1.4 所示）。

在"新建"对话框的"类型"选项栏中选择"零件"，在"子类型"选项栏中选择"实体"，在"名称"文本框中输入文件名称"prt0001"，然后去掉"使用缺省模板"前的对号，单击"确定"按钮。

此时系统将弹出"新文件选项"对话框，如图 1.5 所示。在对话框中选择绘图单位为"mmns_part_solid"（米制），移动鼠标在"复制相关绘图"前打对号，然后再单击"确定"按钮，系统将新建一个名为"prt0001"的屏幕窗口（如图 1.6 所示），用以建立实体特征。

同样，若在"新建"对话框的"类型"选项栏中选择"草绘"、"绘图"或"组件"，则系统将分别新建一个名为"s2d000#"、"drw000#"、"asm000#"的屏幕窗口，用以建立平面草绘图、平面工程图及实体装配图。

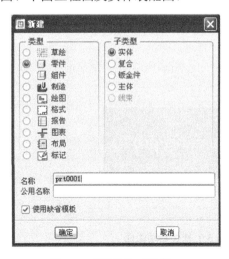
图 1.4　"新建"对话框

图 1.5　"新文件选项"对话框

第1章 应用基础

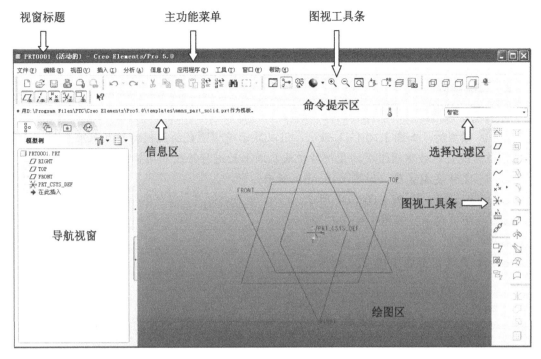

图 1.6 新建零件窗口

1.2 Creo Elements / Pro 5.0 软件的界面环境

如图 1.6 所示，Creo Elements / Pro 5.0 软件窗口由视窗标题、主功能菜单、图视工具条、导航视窗、绘图区、信息区、命令提示区、选择过滤器等组成。

1．视窗标题

视窗标题显示当前开启的文件名称，如图 1.7 所示。

图 1.7 视窗标题

2．主功能菜单

主功能菜单为下拉菜单，系统将各控制命令按功用分类放置于各功能的下拉菜单中。主功能菜单如图 1.8 所示。

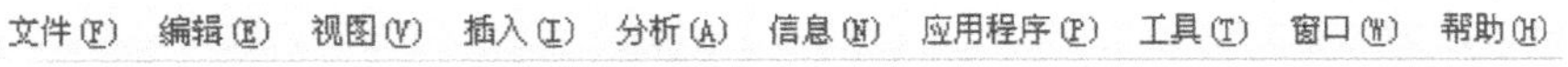

图 1.8 主功能菜单

3．图视工具条

将主功能菜单的下拉菜单中的各种常用控制命令以图标状态条的方式呈现，即为图视工具条，如图 1.9 所示。当鼠标移动到图标上时，鼠标旁边会显示该图标的功能。除系统预设的图视工具条外，也可以由下拉菜单自定义图视工具条。

图1.9 图视工具条

4. 导航视窗

导航视窗包括：

- 模型树：如图1.10（a）所示，用以显示建模组成的几何特征及基准平面，通常可在模型树视窗内对建模组成的几何特征及基准平面进行修改和编辑；
- 文件夹浏览器：如图1.10（b）所示；
- 收藏夹：如图1.10（c）所示；
- 历史记录：如图1.10（d）所示；
- 设置：如图1.10（e）所示；
- 显示：如图1.10（f）所示。

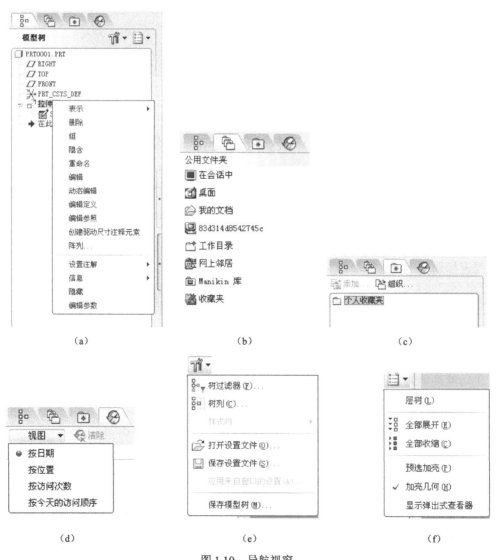

(a)   (b)   (c)

(d)   (e)   (f)

图1.10 导航视窗

5. 绘图区

绘图区是使用者的工作区域，使用者可以在此区域内进行各模组的操作，如绘制草图，建立实体特征，组装元件及建立工程图等。

6. 信息区

信息区是显示建模信息或提示使用者输入参数等信息的区域。信息区可显示操作提示信息、操作进程及状态提示、警告提示、错误提示、严重错误提示等信息。

7. 命令提示区

当使用者移动鼠标到任意一个命令时，系统将在命令提示区内显示该命令的功用提示。

8. 选择过滤器

选择过滤器可以让使用者在建模过程中指定鼠标选取某一类型对象，如智能、特征、几何、基准、曲组等，如图 1.11 所示。

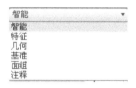

图 1.11　选择过滤器

9. 菜单管理器（选择性使用）

当移动鼠标选择主功能菜单中的"应用程序/继承"命令时，系统将弹出一个菜单管理器，它包含系统中大多数的绘图命令及编辑命令。当使用者移动鼠标单击菜单管理器主目录视窗中的任意命令后，系统会按使用者选中的命令显示该命令的子目录视窗，如图 1.12 所示。

在 Creo Elements / Pro 5.0 软件界面环境中移动鼠标单击"打开"图标，或单击主功能菜单的"文件/打开"命令，系统将弹出"文件打开"对话框，如图 1.13 所示。移动鼠标点选对话框中的"prt0001.prt"后，再单击"打开"按钮，此时系统开启一个名为"0001"的已有零件屏幕窗口。移动鼠标在此窗口的模型树视窗内选取任意一个建模几何特征后单击鼠标右键，可以在系统弹出的下拉菜单中对建模组成的几何特征及基准平面等进行修改和编辑。

图 1.12　菜单管理器　　　　　　图 1.13　"文件打开"对话框

1.3　Creo Elements / Pro 5.0 软件使用前的准备

由于 Creo Elements / Pro 5.0 软件在运行过程中将大量的文件保存在当前目录（默认目录）中，也常常从当前目录自动打开文件，为了便于文件管理，通常在使用 Creo Elements / Pro 5.0 软件进行设计前要先设置工作目录，其方法介绍如下。

方法

① 进入 Creo Elements/Pro 5.0 软件后选择主功能菜单的"文件/设置工作目录…"命令，如图 1.14 所示，在系统弹出的"选择工作目录"对话框中选择准备"设置工作目录"的文件夹（E:\proe5.0 文件夹），然后单击"确定"按钮，设置工作目录完成。

② 用鼠标右键单击桌面上的 Creo Elements / Pro 5.0 软件快捷方式图标，在弹出的快捷菜单中选择"属性（R）"命令，系统将弹出"Creo 属性"对话框，如图 1.15 所示。移动鼠标单击对话框中的"快捷方式"标签，然后在"起始位置（S）"文本栏中输入"E:\proe5.0"，应用后单击"确定"按钮。

这样，每次进入 Creo Elements / Pro 5.0 软件后即可自动切换到指定的工作目录。

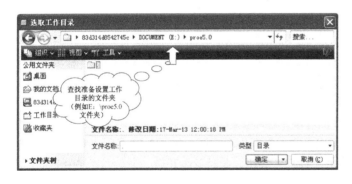
图 1.14　选择工作目录对话框

图 1.15　"Creo 属性"对话框

1.4　显示控制

在绘制的零件图中，常用的显示控制有两大类：模型显示控制和基准特征显示控制。

在设计过程中，为了建模的需要，通常对零件模型的显示类型、显示大小、显示方位等进行控制，其控制方法如下。

方法

● 移动鼠标在图视工具条 中依次单击其中的图标，即可控制零件模型是否显示线框，是否显示隐藏线，是否不显示隐藏线，是否着色等。

第 1 章 应用基础

● 在主功能菜单上移动鼠标在"视图"下拉菜单中选择"显示设置/模型显示"命令，在弹出的"模型显示"对话框中也可控制零件模型的显示类型。

● 移动鼠标在图视工具条 中依次单击其中的图标，即可对视图是否重画、中心旋转显示与否，视图模型显示与否，视图放大、视图缩小、视图最佳大小显示、视角控制、保存的视角选择等进行设置。

● 按住鼠标中键前后左右移动，零件模型随鼠标的移动而转动；用 Shift 键+鼠标中键前后左右移动，零件模型随鼠标的移动而移动；用 Ctrl 键+鼠标中键前后移动（或直接滚动鼠标中键），零件模型随鼠标的移动（滚动）而放大和缩小；用 Ctrl 键+鼠标中键左右移动，零件模型随鼠标的移动而转动。

各种基准特征在零件实体建模中只是一种用作标注尺寸或参考数据的基准，所以当建模过程中不需要已有的基准特征时，可以将其关闭，使绘图窗口内的零件实体特征更加简洁、明了。不需要的已有基准特征关闭后，对零件实体特征的有关数据没有任何影响。基准特征的显示控制方法如下。

方法

● 移动鼠标在图视工具条 中依次单击其中的图标，即可控制基准平面、基准轴、基准点、基准坐标的显示与否。

● 在主功能菜单上移动鼠标在"视图"下拉菜单中选择"显示设置/基准显示"命令，在弹出的"基准显示"对话框中也可控制基准特征显示与否。

1.5 草图绘制

设计零件的三维造型首先要进行二维截面图的绘制，即草图绘制。Creo Elements / Pro 5.0 软件绘制平面草图时具有参数化特性及自动加注限制条件特点（即由尺寸、几何条件来控制草图形状、大小），所以在绘制平面草图时可以按图形任意绘制一个相似形，然后通过对图形几何条件的控制、尺寸的修改等来完成绘制。

常用的草图绘制命令的图视工具图标及含义如表 1.1 所示。

表 1.1 常用的草图绘制命令的图视工具图标及含义

绘制指令	＼＼｜｜	绘制直线、切线、中心线、几何中心线	编辑指令		实体边界使用、偏移、加厚
	□◇▱	绘制矩形、斜矩形、平行四边形			标注尺寸：法向、周长、参照、基线
	○◎⁚⁚○	绘制圆、同心圆、三点圆、切圆、椭圆			编辑、修改尺寸
	⌒⌒⌒⌒	绘制圆弧、同心弧、三点弧、切弧、椭圆弧			建立约束：竖直、水平、垂直、相切、中点、重合、对称、相等、平行
	⌐⌐	圆弧连接、椭圆弧连接			文本
	⌐⌐	倒角、倒角修剪			调色板

续表

绘制指令	～	绘制样条线	编辑指令		删除段、拐角、分割
	× × ⊥ ⊥	绘制点、几何点、坐标系、几何坐标系			镜像、移动和调整大小（平移、旋转和缩放）

实例 1 扳 手

绘制如图 1.1.1 所示的扳手平面草图。在此例中将学习中心线、圆、直线、圆角等绘制命令及约束、修剪、尺寸标注等编辑命令的使用方法。

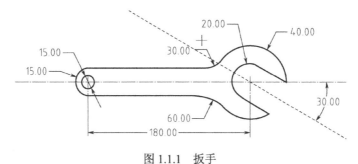

图 1.1.1 扳手

参考步骤

1. 进入草图绘制界面

进入 Creo Elements / Pro 5.0 软件界面环境后，移动鼠标单击图视工具"新建"图标 ，或单击主功能菜单中的"文件/新建"命令，系统将弹出"新建"对话框，如图 1.1.2 所示。在"新建"对话框的"类型"选项栏中选择"草绘"，在"名称"文本框中输入文件名称"banshou01"，单击"确定"按钮，系统进入草图绘制界面，如图 1.1.3 所示。

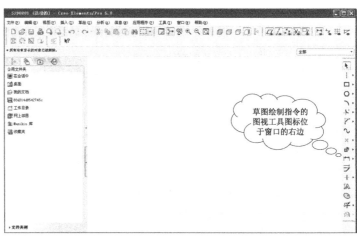

图 1.1.2 "新建"对话框　　　　　　　图 1.1.3 草图绘制界面

2. 绘制中心线

移动鼠标单击图视工具图标 ，或移动鼠标单击主功能菜单的"草绘/线/中心线"命令，或移动鼠标在绘图区任一位置单击鼠标右键，在系统弹出的下拉菜单中选取"中心线"命令，再移动鼠标在绘图区内两点处分别单击鼠标左键，绘制两条互相垂直的中心线。单击鼠标中键结束此命令。

3. 绘制圆

移动鼠标单击图视工具图标 O，或移动鼠标单击主功能菜单中的"草绘/圆/圆心和点"命令，或移动鼠标在绘图区任一位置单击鼠标右键，在系统弹出的下拉菜单中选取"圆"命令，然后移动鼠标在中心线上用鼠标左键点取一点（圆心点），在中心线一侧点取另一点，完成一个圆的绘制。如图 1.1.4 所示，用上述方法完成中心线上另三个圆的绘制。单击鼠标中键结束此命令。

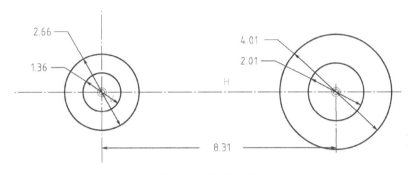

图 1.1.4　圆的绘制

4. 绘制直线

移动鼠标单击图视工具图标 ，或移动鼠标单击主功能菜单中的"草绘/线/直线"命令，或移动鼠标在绘图区任一位置单击鼠标右键，在系统弹出的下拉菜单中选取"直线"命令，在中心线一侧的圆周上单击鼠标左键，移动鼠标在同侧再一次单击鼠标左键，绘制一条直线。单击鼠标中键结束此命令。用同样方法完成另一条直线的绘制，如图 1.1.5 所示。

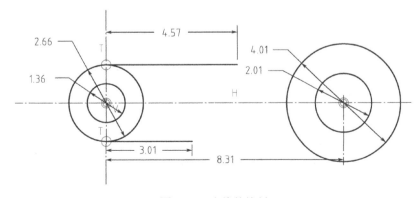

图 1.1.5　直线的绘制

5. 建立约束关系

移动鼠标单击图视工具图标 ，或移动鼠标单击主功能菜单中的"草绘/约束/相切"命令，然后移动鼠标分别点选图 1.1.5 中所示的左大圆与两直线，使此圆分别与两条直线相切。

6. 修剪

移动鼠标单击图视工具图标 ，或移动鼠标单击主功能菜单中的"编辑/修剪/删除段"命令，然后移动鼠标分别点选图 1.1.5 中所示的左大圆与两直线相切的内侧，得到如图 1.1.6 所示的草图。单击鼠标中键结束此命令。

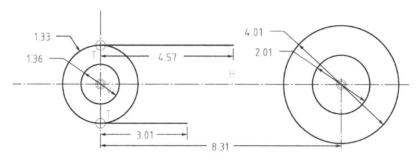

图 1.1.6 "修剪"命令

7. 圆角

移动鼠标单击图视工具图标 ，或移动鼠标单击主功能菜单中的"草绘/圆角/圆形"命令，或移动鼠标在绘图区任一位置单击鼠标右键，在系统弹出的下拉菜单中选取"圆角"命令，然后移动鼠标分别点选右大圆与两直线，此时此圆与两直线分别用圆弧连接，如图 1.1.7 所示。单击鼠标中键结束此命令。

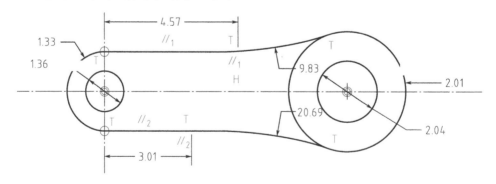

图 1.1.7 "圆角"命令

8. 删除

移动鼠标点选右大圆与两圆角相切内侧后单击鼠标右键，在系统弹出的下拉菜单中单击"删除"命令，或移动鼠标点选右大圆与两圆角相切内侧后移动鼠标单击主功能菜单中的"编辑/删除"命令，此内侧圆弧被删除。再用同样的方法删除多余直线，如图 1.1.8 所示。

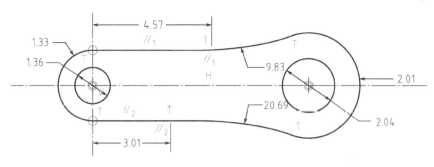

图 1.1.8 "删除"命令

9. 尺寸标注

移动鼠标单击图视工具图标 ，或移动鼠标单击主功能菜单中的"草绘/尺寸/法向"命令，或移动鼠标在绘图区任一位置单击鼠标右键，在系统弹出的下拉菜单中选取"尺寸"命令，然后移动鼠标分别点选左右两个大圆的圆心，在图形外单击鼠标中键，此时两圆圆心距标注完成，如图 1.1.9 所示。单击鼠标中键结束此命令。

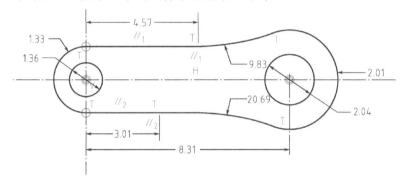

图 1.1.9 "尺寸"标注命令

10. 修改尺寸

用鼠标左键分别双击图 1.1.9 中的各尺寸，在系统弹出的信息输入窗口内输入要求尺寸（如图 1.1.10 所示）后，按回车键确认。此时，图形形状也随着尺寸的变化而变化。

或用鼠标框选图 1.1.9 中的所有尺寸，移动鼠标单击图视工具图标 ，在系统弹出的"修改尺寸"对话框（如图 1.1.11 所示）中逐一修改尺寸后，单击对话框中的 图标，图形形状与尺寸发生变化。

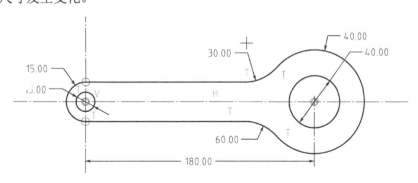

图 1.1.10 修改尺寸

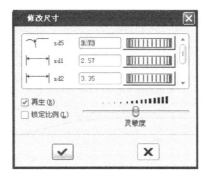

图 1.1.11　"修改尺寸"对话框

11．绘制扳手卡口图形

如图 1.1.12 所示，移动鼠标单击图视工具图标 ，绘制一条与水平方向成 30°角的中心线，然后再移动鼠标单击图视工具图标 ，分别在中心线两侧绘制两条与右侧小圆相切（用 "约束"命令）并与右侧大圆相交的两条直线。再利用 "约束"命令让两直线分别与中心线平行。

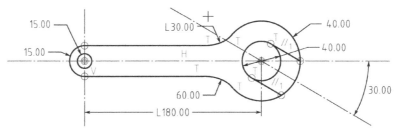

图 1.1.12　绘制平行线

12．修剪、保存

移动鼠标单击图视工具图标 ，利用"修剪"命令去除多余圆弧，并移动鼠标单击图视工具图标 关闭约束显示，完成如图 1.1.1 所示的扳手平面草图的绘制并保存。

实例 2　卡　片

绘制如图 1.2.1 所示的卡片平面草图。在此例中将复习学习过的中心线、圆、直线、圆角等绘制命令及约束、修剪、尺寸标注等编辑命令的使用，并学习镜像命令的使用方法。

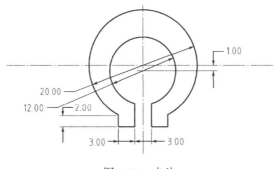

图 1.2.1　卡片

第 1 章 应用基础

 **参考步骤**

1. **进入草图绘制界面**

   进入 Creo Elements / Pro 5.0 软件界面环境后，移动鼠标单击图视工具"新建"图标 ▢，或单击主功能菜单中的"文件/新建"命令，系统将弹出"新建"对话框。在"新建"对话框的"类型"选项栏中选择"草绘"，在"名称"文本框中输入文件名称"kapian01"，单击"确定"按钮，进入草图绘制界面。

2. **绘制中心线**

   移动鼠标单击图视工具图标 ┆，或移动鼠标单击主功能菜单中的"草绘/线/中心线"命令，或移动鼠标在绘图区任一位置单击鼠标右键，在系统弹出的下拉菜单中选取"中心线"命令，再移动鼠标在绘图区内两点处分别单击鼠标左键，绘制两条互相垂直的中心线。单击鼠标中键结束此命令。

3. **绘制圆**

   移动鼠标单击图视工具图标 ○，或移动鼠标单击主功能菜单中的"草绘/圆/圆心和点"命令，或移动鼠标在绘图区任一位置单击鼠标右键，在系统弹出的下拉菜单中选取"圆"命令，然后移动鼠标依次在中心线上用鼠标左键点取一点（圆心点），再在中心线一侧点取另一点，完成一个圆的绘制，如图 1.2.2 所示。用上述方法完成中心线上另一个圆的绘制。单击鼠标中键结束此命令。

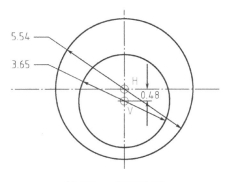

图 1.2.2　圆的绘制

4. **修改尺寸**

   用鼠标左键分别双击图 1.2.2 中的各尺寸，在系统弹出的信息输入窗口内输入如图 1.2.1 所示的两圆大小及中心距尺寸后，按回车键确认。此时图形形状也随着尺寸的变化而变化。

5. **绘制直线**

   移动鼠标单击图视工具图标 ╲，或移动鼠标单击主功能菜单中的"草绘/线/直线"命令，或移动鼠标在绘图区任一位置单击鼠标右键，在系统弹出的下拉菜单中选取"直线"命令，然后移动鼠标在已绘制的两个圆上绘制如图 1.2.3 所示的三条直线。单击鼠标中键结束此命令。

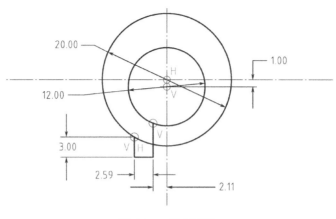

图 1.2.3 绘制直线

6. 镜像

按住 Ctrl 键移动鼠标点选图 1.2.3 中的三条直线后，移动鼠标单击图视工具图标 ，或移动鼠标单击主功能菜单中的"编辑/镜像"命令，然后按系统提示选择图 1.2.3 所示的垂直中心线，得到如图 1.2.4 所示的镜像图形。

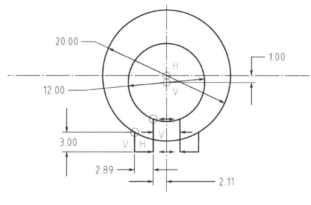

图 1.2.4 "镜像"命令

7. 修剪、圆角、保存

移动鼠标单击图视工具图标 ，利用"修剪"命令去除多余圆弧。然后移动鼠标单击图视工具图标 ，或移动鼠标单击主功能菜单中的"草绘/圆角/圆形"命令，或移动鼠标在绘图区任一位置单击鼠标右键，在系统弹出的下拉菜单中选取"圆角"命令，再移动鼠标分别点选圆弧与直线连接处，此时圆弧与直线分别用圆弧连接。单击鼠标中键结束此命令。修改尺寸并移动鼠标单击图视工具图标 关闭约束显示，完成如图 1.2.1 所示的卡片平面草图的绘制并保存。

 注意

在绘制草图时，用鼠标点选任一线素后，按 Ctrl+G 键；或移动鼠标单击主功能菜单中的"编辑/切换构造"命令；或移动鼠标在绘图区任一位置单击鼠标右键，在系统弹出的下拉菜单中选取"构造"命令；此线素将由实线变成虚线或由虚线变成实线。

标注尺寸时，先用鼠标单击尺寸标注命令或图标，再用鼠标依次点选草绘图中要标尺寸的一线、一圆、两点或两线等要素，移动鼠标在各要素外点取一点，完成长度尺寸、圆弧尺寸、距离尺寸及角度尺寸的标注。

在绘制草图时灵活运用约束命令，可以简化草图的绘制方法，提高草图绘制效率。约束命令中的各控制命令，把草图上的几何要素按条件——限位。其中 "竖直" 约束命令 ↑ 限定线的垂直位置或点与点的垂直；"水平" 约束命令 ↔ 限定线的水平位置或点与点的水平；"垂直" 约束命令 ⊥ 限定两几何要素的垂直位置；"相切" 约束命令 ⚬ 限定两几何要素的相切位置；"中点" 约束命令 ＼ 限定点在一几何要素中点上；"重合" 约束命令 ⊙ 限定点与点的融合；"对称" 约束命令 ⊹ 限定两几何要素的对称位置；"相等" 约束命令 ＝ 限定两几何要素的相等；"平行" 约束命令 ∥ 限定两几何要素的平行位置。

习　题

绘制如图 1.16 至图 1.23 所示图形的平面草图。

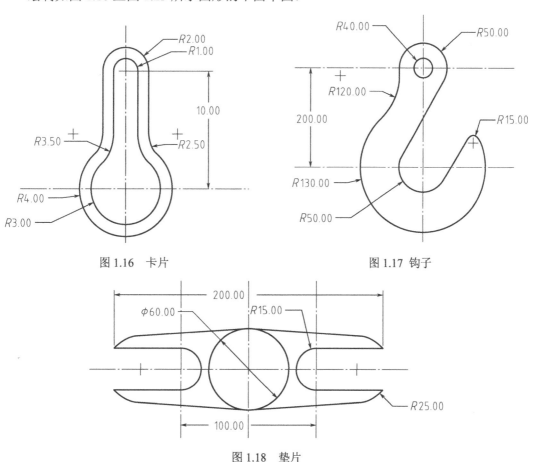

图 1.16　卡片

图 1.17　钩子

图 1.18　垫片

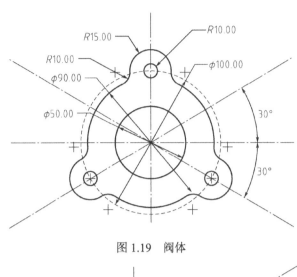

图 1.19 阀体

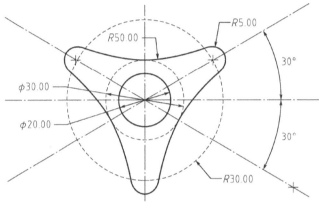

图 1.20 手轮

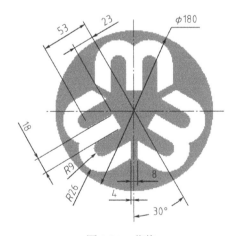

图 1.21 花垫

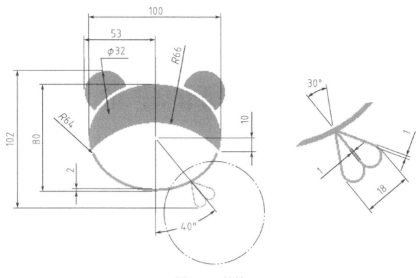

图 1.22 娃娃

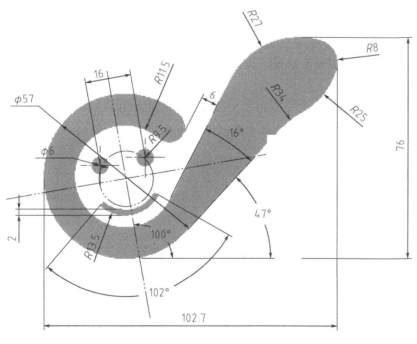

图 1.23 少女

第 2 章 实体特征的建立

通常所见到的零件都是由许多的实体特征组成的。这些实体特征可以用增料方式，通过对已绘制草图运用"拉伸、旋转、扫描、混合"等命令来建构，这些特征为零件实体的基本特征；也可以用减料方式，通过绘制草图从已有实体中运用"拉伸、旋转、扫描、混合"等减去实体命令来建构；或用圆角过渡（等半径或变半径）、倒斜角、加筋板、抽壳、添加拔模斜度等来建构，这些特征为零件实体的辅助特征，它们是建立在基本特征之上的。无论采用哪一种方式，首先都必须根据零件实体特征选择草绘基准平面，绘制草图，生成零件的实体特征。

建立零件实体基本特征常用的命令有：

● "插入/拉伸"：建立拉伸实体命令，即在某一基准平面（或平面）上所绘制的封闭线框草图沿其法线方向运动形成的实体特征，如图 2.1（a）所示。拉伸特征包括拉伸生成和拉伸切除。

● "插入/旋转"：建立旋转实体命令，即在某一基准平面（或平面）上所绘制的封闭线框草图绕该草图上的一条中心线旋转生成的实体特征，如图 2.1（b）所示。旋转特征包括旋转生成和旋转切除。

● "插入/扫描"：建立扫描实体命令，即在某一基准平面（或平面）上所绘制的封闭线框草图沿任一空间曲线移动生成的实体特征，如图 2.1（c）所示。扫描特征包括扫描生成和扫描切除。

● "插入/混合"：建立混合实体命令，即由多个不同的基准平面（或平面）上所绘制的封闭线框生成的实体特征，如图 2.1（d）所示。混合特征包括混合生成和混合切除。

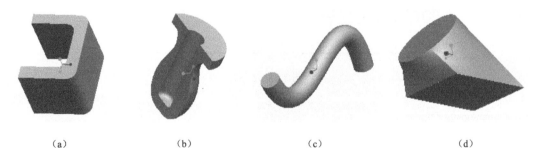

(a)　　　　　　(b)　　　　　　(c)　　　　　　(d)

图 2.1　零件实体特征

建立实体特征常用的图视工具图标的含义如表 2.1 所示。

表 2.1　建立实体特征常用的图视工具图标的含义

基准特征		基本特征		辅助特征		编辑特征	
	基准平面		拉伸		孔		复制
	基准轴		旋转		抽壳		镜像
	基准曲线		变截面扫描		筋板		移动
	草绘曲线		边界混合		斜度		合并
	基准点		造型		倒圆角		修剪
	坐标系		弯曲		倒角		阵列
	分析						曲面替换

实例 1　支　架

建立如图 2.1.1 所示的支架，并测量零件的体积与底面的面积大小。此零件是由拉伸体和筋板组成的组合体零件，可以利用拉伸生成、拉伸切除、筋板等特征建立完成，利用 Pro/E 软件的分析功能，求得零件的体积与底面的面积大小。

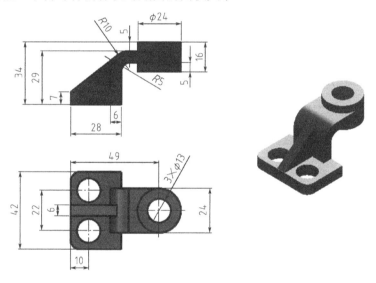

图 2.1.1　支架

参考步骤

1. 进入建立实体零件界面

进入 Creo Elements / Pro 5.0 界面环境后，移动鼠标单击图视工具"新建"图标 ，或单击主功能菜单中的"文件/新建"命令，系统将弹出"新建"对话框。在"新建"对话框的"类型"选项栏中选择"零件"，在"子类型"选项栏中选择"实体"，在"名称"文本框中输入文件名称"zhijia01"，去掉"使用缺省模板"前的对号后，单击"确定"按钮。在系统弹出的"新文件选项"对话框中选择绘图单位为"mmns_part_solid"（米制），单击"确定"按钮，进入建立实体零件界面，如图 2.1.2 所示。

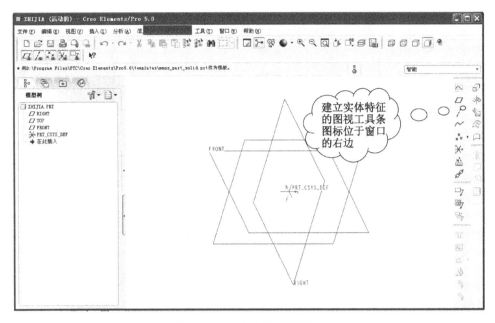

图 2.1.2　建立实体零件界面

2. 建立支架实体 1——建立拉伸特征

移动鼠标单击图视工具图标 ，或移动鼠标单击主功能菜单中的"插入/拉伸"命令，系统将在信息区弹出建立拉伸体特征图标板，如图 2.1.3 所示。

图 2.1.3　建立拉伸体特征图标板

建立拉伸体特征图标板各图标的含义如表 2.1.1 所示。

表 2.1.1　建立拉伸体特征图标板各图标的含义

图标	含　义	图标	含　义	图标	含　义
	建立实体特征		建立薄壳特征		拉伸到一特征
	建立曲面特征		给定厚度拉伸		拉伸到一实体特征
216.51	输入拉伸厚度		对称拉伸		暂停
	切换拉伸方向		拉伸到下一面		预览
	建立拉伸切除特征		拉伸到最后一面		确定与取消

3. 建立支架实体 1——进入拉伸体截面草绘界面

移动鼠标依次单击拉伸体特征图标板图标 、 、 ，系统弹出"草绘"对话框，如图 2.1.4 所示。用鼠标选择基准平面"TOP"作为草绘平面，接受系统默认的基准平面"RIGHT"作为草绘参照面，如图 2.1.5 所示，单击"草绘"按钮，系统进入拉伸体截面草绘界面，接受系统默认的 F1（RIGHT）和 F3（FRONT）作为草绘参照。

注意

此时，"TOP"面为草绘平面，"FRONT"面作为草绘平面的横向基准线，"RIGHT"面作为草绘平面的纵向基准线。

图 2.1.4 "草绘"对话框

图 2.1.5 设置草绘基准

4. 建立支架实体 1——绘制草图 1

依次利用草绘图视工具图标 、□、、○、、，完成支架截面草图 1 的绘制，如图 2.1.6 所示。单击草绘图视工具图标 ，退出草绘界面。

5. 建立支架实体 1——确定拉伸生成参数

移动鼠标单击拉伸体特征图标板图标 ，在后面的文本框中输入拉伸体厚度值 7，默认实体的拉伸方向，然后单击拉伸体特征图标板图标 ，选择适当的显示类型，完成支架实体 1 的建立，如图 2.1.7 所示。

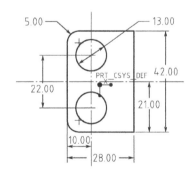

图 2.1.6 支架截面草图 1

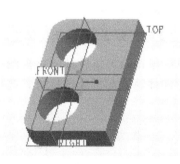

图 2.1.7 支架实体 1

 注意

建立拉伸实体特征的平面草图一定是封闭的环，各几何要素是单一的，不能重叠，否则不能生产实体特征。在绘制草图时，若草图出现问题，可以利用图视工具图标 着色封闭环、 加亮开放端点、 重叠几何、 特征要求命令来校核。

在绘制草图时，我们可以通过图视工具图标 控制草图尺寸显示；通过图视工具图标 控制草图约束显示；通过图视工具图标 控制草图顶点显示。若草绘平面发生了旋转，可以利用图视工具图标 进行草图定向。

6. 建立支架实体2——建立拉伸特征，进入拉伸体截面草绘界面

移动鼠标单击图视工具图标 ，或移动鼠标单击主功能菜单中的"插入/拉伸"命令，再移动鼠标依次单击拉伸体特征图标板图标 、 放置 、 定义... ，系统弹出"草绘"对话框。用鼠标选择基准平面"FRONT"作为草绘平面，选择基准平面"RIGHT"作为草绘参照面（右），单击"草绘"按钮，系统进入拉伸体截面草绘界面，接受系统默认的草绘参照。

7. 建立支架实体2——绘制草图2

移动鼠标单击主功能菜单中的"插入/参照"命令，或移动鼠标在绘图区任一位置单击鼠标右键，在系统弹出的下拉菜单中选取"参照"命令，系统弹出"参照"对话框。如图2.1.8所示，分别点选支架实体1的右上角两边，添加草绘参照。

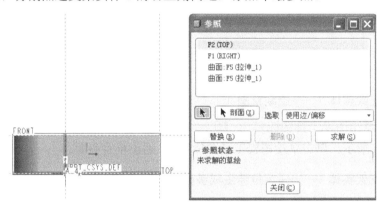

图2.1.8　添加草绘参照

依次利用草绘图视工具图标 、 、 、 ，完成支架截面草图2的绘制，如图2.1.9所示。单击草绘图视工具图标 ，退出草绘界面。

8. 建立支架实体2——确定拉伸生成参数

移动鼠标单击拉伸体特征图标板图标 ，在后面的文本框中输入拉伸体厚度值24，然后单击拉伸体特征图标板图标 ，选择适当的显示类型，完成支架实体2的建立，如图2.1.10所示。

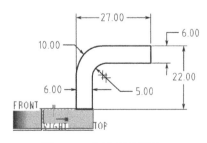
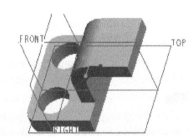

图2.1.9　支架截面草图2　　　　　图2.1.10　支架实体2

9. 建立支架实体3——建立拉伸特征，进入拉伸体截面草绘界面

移动鼠标单击图视工具图标 ，或移动鼠标单击主功能菜单中的"插入/拉伸"命令，再移动鼠标依次单击拉伸体特征图标板图标 、 放置 、 定义... ，系统弹出"草绘"对话框。

用鼠标选择支架实体 2 的上表面作为草绘平面，选择基准平面"RIGHT"作为草绘参照面（右），单击"草绘"按钮，系统进入拉伸体截面草绘界面，接受系统默认的草绘参照。

10．建立支架实体 3——绘制草图 3

利用草绘图视工具图标 ○ 绘制圆，利用草绘图视工具图标 ⊙ "重合"约束与 ⊱ "相切"约束，确定圆心的位置与圆的大小，完成支架截面草图 3 的绘制，如图 2.1.11 所示。单击草绘图视工具图标 ✓，退出草绘界面（也可以先利用"参照"命令，添加草绘参照，再绘制圆）。

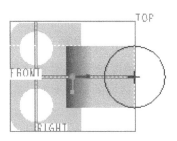

图 2.1.11　支架截面草图 3

11．建立支架实体 3——确定拉伸生成参数

移动鼠标单击拉伸体特征图标板图标 ⬆，然后单击"选项"命令，如图 2.1.12 所示，分别在后面的文本框中输入拉伸体厚度值 5、11 后，单击拉伸体特征图标板图标 ✓，选择适当的显示类型，完成支架实体 3 的建立。

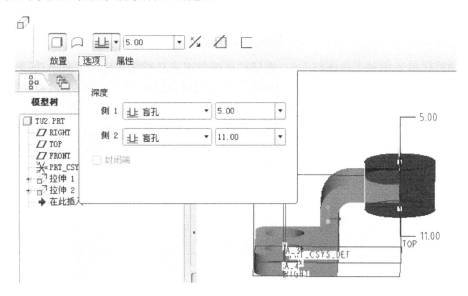

图 2.1.12　支架实体 3 的建立

12．建立支架实体 4——建立拉伸切除特征，进入拉伸体截面草绘界面

移动鼠标单击图视工具图标 ⬚，或移动鼠标单击主功能菜单中的"插入/拉伸"命令，再移动鼠标依次单击拉伸体特征图标板图标 ⬚、⌀、放置、定义，系统弹出"草绘"对话

框。在对话框中用鼠标选择支架实体3的上圆表面作为草绘平面,选取基准平面"RIGHT"作为草绘参考面(右),单击"草绘"按钮,系统进入拉伸体截面草绘界面,接受系统默认的草绘参照。

13. 建立支架实体4——绘制草图4

移动鼠标在绘图区任一位置单击鼠标右键,在系统弹出的下拉菜单中选取"参照"命令后,点选支架实体4的圆柱面,添加草绘参照。利用草绘图视工具图标 ⭕ 绘制圆并修改尺寸,完成支架截面草图4的绘制,如图2.1.13所示。单击草绘图视工具图标 ✓,退出草绘界面。

14. 建立支架实体4——确定拉伸切除参数

移动鼠标单击拉伸体特征图标板图标,并单击图标 调整拉伸切除方向,然后单击拉伸体特征图标板图标 ✓,选择适当的显示类型,完成支架实体4的建立,如图2.1.14所示。

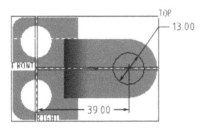
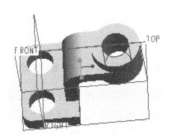

图2.1.13 支架截面草图4　　　　图2.1.14 支架实体4

15. 建立筋板特征——进入筋板截面草绘界面

移动鼠标单击图视工具图标,或移动鼠标单击主功能菜单中的"插入/筋/轮廓筋"命令,如图2.1.15所示,移动鼠标依次单击筋特征图标板图标 参照 、定义...,系统弹出"草绘"对话框。用鼠标选择基准平面"FRONT"作为草绘平面,选择基准平面"RIGHT"作为草绘参考面(右),单击"草绘"按钮,系统进入筋板截面草绘界面,接受系统默认的草绘参照。

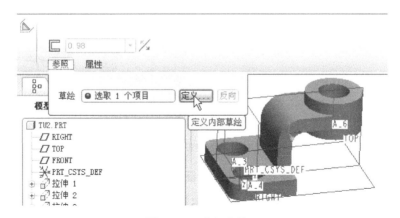

图2.1.15 支架实体4

16. 建立筋板特征——绘制草图 5

移动鼠标在绘图区任一位置单击鼠标右键，在系统弹出的下拉菜单中选取"参照"命令后，点选支架实体相应面添加草绘参照。利用草绘图视工具图标 ╲ 绘制一直线，使直线端点分别与实体的边界重合与相切，单击鼠标中键结束命令时，得到如图 2.1.16 所示的支架截面草图 5。单击草绘图视工具图标 ✔，退出草绘界面。

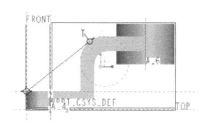

图 2.1.16　支架截面草图 5

17. 建立筋板特征——确定筋板特征参数

用鼠标单击线上箭头，调整箭头向内侧，单击拉筋板特征图标板图标 ╱ 调整筋板特征的位置，然后在拉筋板特征图标板的文本框中输入筋板的厚度值 6，单击筋板特征图标板图标 ✔，选择适当的显示类型，完成筋板的建立。

18. 保存文件

移动鼠标单击主功能菜单中的"文件/保存"命令，或单击图视工具图标 🖫，保存此零件。

19. 测量零件的体积大小

移动鼠标单击依次主功能菜单中的"分析/测量/体积"命令，如图 2.1.17 所示，在系统弹出的"体积块"对话框中，测得零件的体积大小为"模型体积=16991.6"（单位：mm^3）。

图 2.1.17　"体积块"对话框

20. 测量零件底面的面积大小

移动鼠标单击主功能菜单中的"分析/测量/面积"命令，系统弹出的"区域"对话框，如图 2.1.18 所示，移动鼠标单击零件下表面，在"区域"对话框中显示测得零件底面的面积大小为"曲面面积= 899.805"（单位：mm^2）。

移动鼠标单击主功能菜单中的"窗口/关闭"命令，关闭支架零件建模窗口。

图 2.1.18　"区域"对话框

 注意

若要测量零件上其他表面的面积，可以单击"区域"对话框中的 按钮，再单击要测量的表面，可以分别测量。

实例 2　手机面盖

建立如图 2.2.1 所示的手机面盖，并测量零件的质量（手机面盖为 ABS 塑料，相对密度为 1.05g/cm³）。此零件是由一个壳体切割而成的零件，可以利用拉伸生成、斜度、拉伸切除、圆角、抽壳、实体阵列等特征建立完成，利用 Pro/E 软件的分析功能，求得零件的质量。

图 2.2.1　手机面盖

 参考步骤

1. 进入建立实体零件界面

进入 Creo Elements / Pro 5.0 界面环境后，移动鼠标单击图视工具"新建"图标 ，或单击主功能菜单中的"文件/新建"命令，系统将弹出"新建"对话框。在"新建"对话框的"类型"选项栏中选择"零件"，在"子类型"选项栏中选择"实体"，在"名称"文本框中输入文件名称"SJmg01"，去掉"使用缺省模板"前的对号后，单击"确定"按钮。在系统弹出的"新文件选项"对话框中选择绘图单位为"mmns_part_solid"（米制），单击"确定"按钮，进入建立实体零件界面。

2. 建立手机面盖实体特征 1——建立拉伸特征，进入拉伸体截面草绘界面

移动鼠标单击图视工具图标 ，或移动鼠标单击主功能菜单中的"插入/拉伸"命令，再移动鼠标依次单击拉伸体特征图标板图标 、 、 ，系统弹出"草绘"对话框。在对话框中用鼠标选择基准平面"TOP"作为草绘平面，默认基准平面"RIGHT"作为草绘参考面（右），单击"草绘"按钮，系统进入拉伸体截面草绘界面，接受系统默认的草绘参照。

3. 建立手机面盖实体特征 1——绘制草图 1

依次利用草绘图视工具图标 、 、 、 、 、 、 ，完成手机面盖截面草图 1 的绘制，如图 2.2.2 所示。单击草绘图视工具图标 ，退出草绘界面。

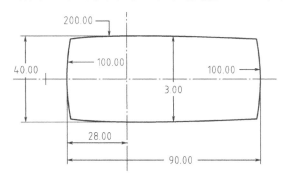

图 2.2.2 手机面盖截面草图 1

4. 建立手机面盖实体特征 1——确定拉伸生成参数

移动鼠标单击拉伸体特征图标板图标 ，在其文本框中输入拉伸体厚度值 15，然后单击拉伸体特征图标板图标 ，选择适当的显示类型，完成手机面盖实体特征 1 的建立，如图 2.2.3 所示。

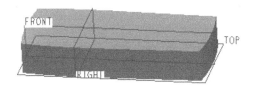

图 2.2.3 手机面盖实体特征 1

5. 建立手机面盖实体特征 2——建立拔模斜度

移动鼠标单击图视工具图标 ，或移动鼠标单击主功能菜单下拉菜单中的"插入/斜度"命令，再移动鼠标单击斜度特征图标板 ，如图 2.2.4 所示，在斜度特征图标板中的"拔模曲面"下单击后，按住 Ctrl 键用鼠标依次点选手机面盖实体特征 1 的所有侧面；再移动鼠标在斜度特征图标板中的"拔模枢轴"下单击后，移动鼠标点选基准平面"TOP"，并在斜度特征图标板上的拔模斜度文本框中输入 1，然后利用斜度特征图标板图标 调整拔模斜度的方向，单击斜度特征图标板图标 ，选择适当的显示类型，完成手机面盖实体特征 2 的建立，如图 2.2.5 所示。

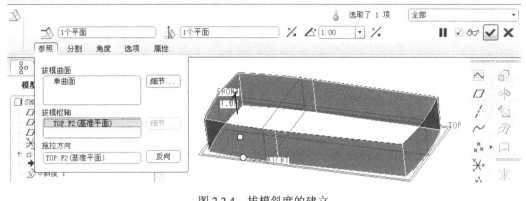

图 2.2.4 拔模斜度的建立

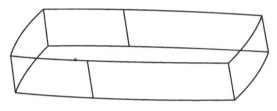

图 2.2.5 手机面盖实体特征 2

注意

建立拔模斜度特征时,若拔模枢轴基准平面在零件拔模方向的上下面之间任何位置上(如 DTM1),如图 2.2.6 所示,这时我们可以利用这个拔模枢轴基准平面为分割面,将零件分成两部分并分别进行拔模。

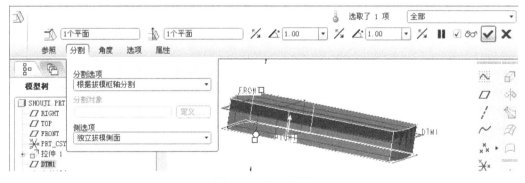

图 2.2.6 分割拔模

6. 建立手机面盖实体特征 3——建立圆角特征

移动鼠标单击图视工具图标,或移动鼠标单击主功能菜单中的"插入/圆角"命令,再按住 Ctrl 键移动鼠标依次点选实体上的四个角边,如图 2.2.7 所示,单击圆角特征图标板图标,并在其文本框中输入圆角半径值 3,完成手机面盖实体特征 3 的建立,如图 2.2.8 所示。

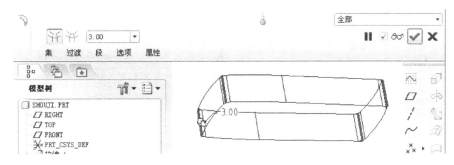

图 2.2.7　圆角特征的建立

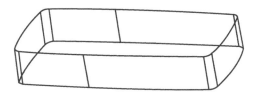

图 2.2.8　手机面盖实体特征 3

 注意

建立圆角特征时，若按住 Ctrl 键移动鼠标依次点选要倒圆角的边时，可以建立各边均相等的圆角。若不按住 Ctrl 键，用鼠标依次点选要倒圆角的边，并可以分别在文本框中输入圆角半径值，建立各边指定的圆角大小，如图 2.2.9 所示。若按住 Ctrl 键移动鼠标依次点选一个面上相邻两边，单击圆角特征图标板上 完全倒圆角，可以建立完全圆角，如图 2.2.10 所示。

若点选要倒圆角的边后，在圆角特征图标板上"集/半径"内单击鼠标右键，在弹出的菜单中点选"添加半径"命令，可以建立变半径圆角，如图 2.2.11 所示。

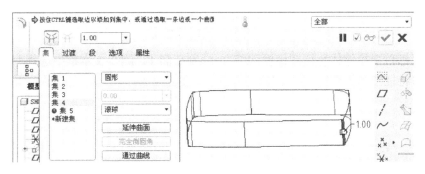

图 2.2.9　圆角的建立

图 2.2.10　完全圆角的建立

 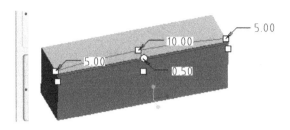

图 2.2.11　变半径圆角的建立

7．建立手机面盖实体特征 4——建立拉伸切除特征，进入拉伸体截面草绘界面

移动鼠标单击图视工具图标 ，或移动鼠标单击主功能菜单中的"插入/拉伸"命令，再移动鼠标依次单击拉伸体特征图标板图标 、 、放置、定义...，系统弹出"草绘"对话框。在对话框中用鼠标选择基准平面"FRONT"作为草绘平面，默认基准平面"RIGHT"作为草绘参考面（右），单击"草绘"按钮，系统进入拉伸体截面草绘界面，接受系统默认的草绘参照。

8．建立手机面盖实体特征 4——绘制草图 2

依次利用草绘图视工具图标 、 、 、 、 ，完成手机面盖截面草图 2 的绘制，如图 2.2.12 所示。单击草绘图视工具图标 ，退出草绘界面。

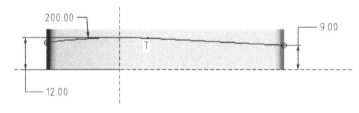

图 2.2.12　手机面盖截面草图 2

9．建立手机面盖实体特征 4——确定拉伸切除参数

移动鼠标单击拉伸体特征图标板 选项，分别在侧 1、侧 2 文本框中选择 非穿透，然后单击拉伸体特征图标板图标 ，选择切除部分，如图 2.2.13 所示，完成手机面盖实体特征 4 的建立。

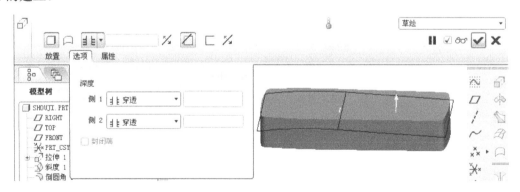

图 2.2.13　手机面盖实体特征 4

10. 建立手机面盖实体特征 5——建立圆角特征

移动鼠标单击图视工具图标，或移动鼠标单击主功能菜单中的"插入/圆角"命令，再移动鼠标到实体上表面一边界后，单击圆角特征图标板图标，并在其文本框中输入圆角半径值 2，完成手机面盖实体特征 5 的建立，如图 2.2.14 所示。

图 2.2.14　手机面盖实体特征 5

11. 建立手机面盖实体特征 6——建立抽壳特征

移动鼠标单击图视工具图标，或移动鼠标单击主功能菜单中的"插入/抽壳"命令，再移动鼠标点选图 2.2.14 所示实体的下表面，如图 2.2.15 所示，在抽壳特征图标板的文本框中输入壳体厚度值 1.5，再单击特征图标板图标，选择抽壳方向，完成手机面盖实体特征 6 的建立，如图 2.2.16 所示。

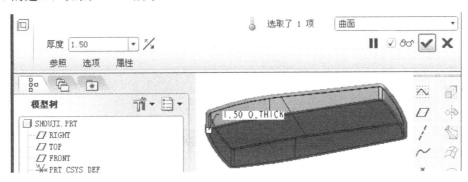

图 2.2.15　抽壳特征的建立

图 2.2.16　手机面盖实体特征 6

12. 建立手机面盖实体特征 7——建立拉伸切除特征，进入拉伸体截面草绘界面

移动鼠标单击图视工具图标，或移动鼠标单击主功能菜单中的"插入/拉伸"命令，再移动鼠标依次单击拉伸体特征图标板图标 、 、 放置 、 定义... ，系统弹出"草绘"对话框。在对话框中用鼠标选择基准平面"TOP"作为草绘平面，默认基准平面"RIGHT"

作为草绘参考面（右），单击"草绘"按钮，系统进入拉伸体截面草绘界面，接受系统默认的草绘参照。

13．建立手机面盖实体特征 7——绘制草图 3

依次利用草绘图视工具图标 ⋮、▢、⊬、⋺，完成手机面盖截面草图 3 的绘制，如图 2.2.17 所示。单击草绘图视工具图标 ✓，退出草绘界面。

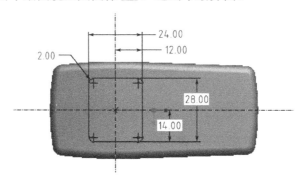

图 2.2.17　手机面盖截面草图 3

14．建立手机面盖实体特征 7——确定拉伸切除参数

移动鼠标依次单击拉伸体特征图标板图标 ⋮⋮、⁒，选择切除方向及切除部分，完成手机面盖实体特征 7 的建立，如图 2.2.18 所示。

图 2.2.18　手机面盖实体特征 7

15．建立手机面盖实体特征 8——建立拉伸切除特征，进入拉伸体截面草绘界面

移动鼠标单击图视工具图标 ⌐，或移动鼠标单击主功能菜单中的"插入/拉伸"命令，再移动鼠标依次单击拉伸体特征图标板图标 ▢、⌀、放置、定义…，系统弹出"草绘"对话框。在对话框中用鼠标选择基准平面"TOP"作为草绘平面，默认基准平面"RIGHT"作为草绘参考面（右），单击"草绘"按钮，系统进入拉伸体截面草绘界面，接受系统默认的草绘参照。

16．建立手机面盖实体特征 8——绘制草图 4

依次利用草绘图视工具图标 ⋮、⌒、＼、⊬、⋺、◌，完成手机面盖截面草图 4 的绘制，如图 2.2.19 所示。单击草绘图视工具图标 ✓，退出草绘界面。

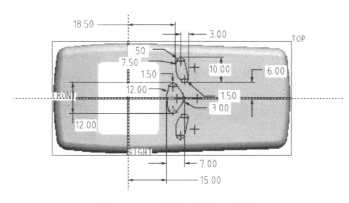

图 2.2.19　手机面盖截面草图 4

17. 建立手机面盖实体特征 8——确定拉伸切除参数

移动鼠标依次单击拉伸体特征图标板图标 ⫶、⌇，选择切除方向及切除部分，完成手机面盖实体特征 7 的建立，如图 2.2.20 所示。

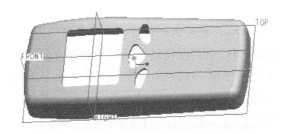

图 2.2.20　手机面盖实体特征 8

18. 建立手机面盖实体特征 9——建立拉伸切除特征，进入拉伸体截面草绘界面

移动鼠标单击图视工具图标 ⌐，或移动鼠标单击主功能菜单中的"插入/拉伸"命令，再移动鼠标依次单击拉伸体特征图标板图标 ☐、⌇、放置、定义...，系统弹出"草绘"对话框。在对话框中用鼠标选择基准平面"TOP"作为草绘平面，默认基准平面"RIGHT"作为草绘参考面（右），单击"草绘"按钮，系统进入拉伸体截面草绘界面，接受系统默认的草绘参照。

19. 建立手机面盖实体特征 9——绘制草图 5

依次利用草绘图视工具图标 ⊘、⌇，完成手机面盖截面草图 5 的绘制，如图 2.2.21 所示。单击草绘图视工具图标 ✓，退出草绘界面。

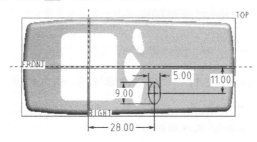

图 2.2.21　手机面盖截面草图 5

20. 建立手机面盖实体特征 9——确定拉伸切除参数

移动鼠标依次单击拉伸体特征图标板图标 ⫽、✕，选择切除方向及切除部分，完成手机面盖实体特征 9 的建立，如图 2.2.22 所示。

图 2.2.22　手机面盖实体特征 9

21. 建立手机面盖实体特征 10——建立阵列特征

移动鼠标单击如图 2.2.22 所示实体上的椭圆特征后，再移动鼠标单击图视工具图标 ▦，或移动鼠标单击主功能菜单中的"编辑/阵列"命令，然后用鼠标单击阵列特征图标板上的 尺寸，如图 2.2.23 所示，移动鼠标单击阵列特征图标板上的方向 1 及椭圆定位尺寸 28，并在其文本框中输入阵列间距 7.5，单击阵列特征图标板上的方向 2 及椭圆定位尺寸 11，并在其文本框中输入阵列间距 -11，最后在特征图标板各阵列方向后的文本框中输入相应的阵列行、列数值 4 和 3，单击图标 ✓，完成手机面盖实体特征 10 的建立，如图 2.2.24 所示。

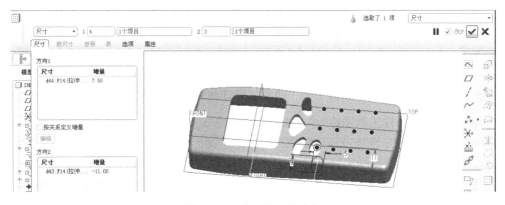

图 2.2.23　阵列特征的建立

图 2.2.24　手机面盖实体特征 10

22. 建立手机面盖实体特征 11——建立拉伸特征，进入拉伸体截面草绘界面

移动鼠标单击图视工具图标 ⫽，或移动鼠标单击主功能菜单中的"插入/拉伸"命令，再移动鼠标依次单击拉伸体特征图标板图标 ▢、放置、定义...，系统弹出"草绘"对话框。在对话框中用鼠标选择基准平面"TOP"作为草绘平面，单击草绘视图方向 反向，默认基

准平面"RIGHT"作为草绘参考面(右),单击"草绘"按钮,系统进入拉伸体截面草绘界面,接受系统默认的草绘参照。

23. 建立手机面盖实体特征 11——绘制草图 6

依次利用草绘图视工具图标 ▢、▱,并在信息窗口的文本框中输入偏移数值 0.7,如图 2.2.25 所示,完成手机面盖截面草图 6 的绘制。单击草绘图视工具图标 ✓,退出草绘界面。

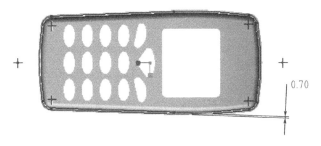

图 2.2.25 手机面盖截面草图 6

24. 建立手机面盖实体特征 11——确定拉伸生成参数

移动鼠标单击拉伸体特征图标板图标 ⊥,在其文本框中输入拉伸体厚度值 1,然后单击拉伸体特征图标板图标 ✓,选择适当的显示类型,完成手机面盖实体特征 11 的建立。

25. 保存文件

移动鼠标单击主功能菜单中的"文件/保存"命令,或单击图视工具图标 ▢,保存此零件。

26. 测量零件的质量

移动鼠标单击主功能菜单中的"分析/模型/质量属性"命令,在系统弹出的"质量属性"对话框中密度文本框中输入 ABS 塑料的密度 0.00105g/mm^3,如图 2.2.26 所示,单击"质量属性"对话框按钮 ⚭,测得零件质量为 6.8197846g。

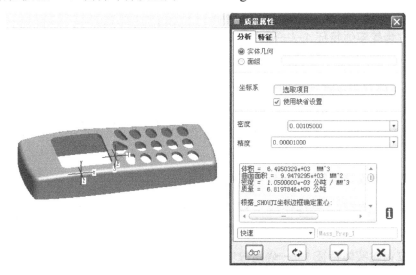

图 2.2.26 测量零件质量

移动鼠标单击主功能菜单中的"窗口/关闭"命令,关闭手机面盖零件窗口。

实例3 齿 轮

建立图 2.3.1(a)所示的齿轮,并测量齿轮在分度圆上的 PNT3、PNT4 与 PNT5 的距离,如图 2.3.1(b)所示。此零件是一个组合体零件,齿轮的齿形为渐开线齿形,可以利用拉伸生成、拉伸切除、镜像、圆角、基准轴、基准平面、实体阵列等特征建立完成。

(a)

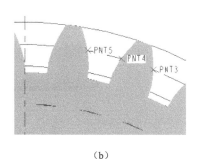
(b)

图 2.3.1　齿轮

参考步骤

1．进入建立实体零件界面

进入 Creo Elements / Pro 5.0 界面环境后,移动鼠标单击图视工具"新建"图标 ,或单击主功能菜单中的"文件/新建"命令,系统弹出"新建"对话框。在"新建"对话框的"类型"选项栏中选择"零件",在"子类型"选项栏中选择"实体",在"名称"文本框中输入文件名称"chilun01",去掉"使用缺省模板"前的对号后,单击"确定"按钮。在系统弹出的"新文件选项"对话框中选择绘图单位为"mmns_part_solid"(米制),单击"确定"按钮,进入建立实体零件界面。

2．建立齿轮实体特征1——建立拉伸特征,进入拉伸体截面草绘界面

移动鼠标单击图视工具图标 ,或移动鼠标单击主功能菜单中的"插入/拉伸"命令,再移动鼠标依次单击拉伸体特征图标板图标 、 、 ,系统弹出"草绘"对话框。在对话框中用鼠标选择基准平面"FRONT"作为草绘平面,默认基准平面"RIGHT"作为草绘参考面(右),单击"草绘"按钮,系统进入拉伸体截面草绘界面,接受系统默认的草绘参照。

3．建立齿轮实体特征1——绘制草图1

依次利用草绘图视工具图标 、 、 、 、 ,如图 2.3.2 所示,完成齿轮截面草图1的绘制。单击草绘图视工具图标 ,退出草绘界面。

4．建立齿轮实体特征1——确定拉伸生成参数

移动鼠标单击拉伸体特征图标板图标 ,在后面的文本框中输入拉伸体厚度值30,然

后单击拉伸特征操作面板中图标✔，选择适当的显示类型，完成齿轮实体特征 1 的建立，如图 2.3.3 所示。

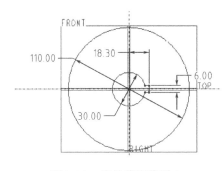
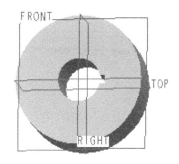

图 2.3.2　齿轮截面草图 1　　　　　　图 2.3.3　齿轮实体特征 1

5．建立齿轮实体特征 2——进入拉伸体截面草绘界面

移动鼠标单击图视工具图标，或移动鼠标单击主功能菜单中的"插入/拉伸"命令，再移动鼠标依次单击拉伸体特征图标板图标 □、◿、放置、定义，系统弹出"草绘"对话框。在对话框中用鼠标选择齿轮实体特征 1 的上表面作为草绘平面，接受系统默认的基准平面"RIGHT"作为草绘参考面（右），单击"草绘"按钮，系统进入拉伸体截面草绘界面，接受系统默认的草绘参照。

6．建立齿轮实体特征 2——绘制草图 2

依次利用草绘图视工具图标 ○、彡，完成齿轮截面草图 2 的绘制，如图 2.3.4 所示。单击草绘图视工具图标 ✔，退出草绘界面。

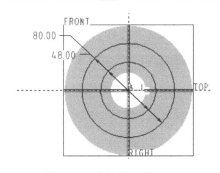
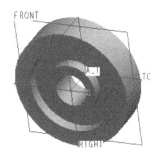

图 2.3.4　齿轮截面草图 2　　　　　　图 2.3.5　齿轮实体特征 2

7．建立齿轮实体特征 2——确定拉伸切除参数

移动鼠标单击拉伸体特征图标板图标，在其文本框中输入拉伸切除宽度值 10，然后单击拉伸体特征图标板图标，选择切除部分，再单击拉伸特征操作面板中的图标✔，如图 2.3.5 所示，完成齿轮实体特征 2 的建立。

8．建立齿轮实体特征 3——建立镜像特征

移动鼠标单击导航视窗模型树内的 拉伸 2（实体 2），再移动鼠标单击编辑图标板上的（镜向）图标，或单击主功能菜单中的"编辑/镜像"命令，系统将在窗口下侧弹出建立镜向特征图标板,如图 2.3.6 所示。随之移动鼠标选择镜向平面"FRONT"基准平面,然后单击镜向特征图标板图标✓,完成齿轮实体特征 3 的建立,如图 2.3.7 所示。

图 2.3.6　镜向特征图标板

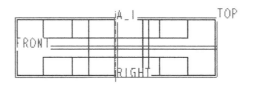

图 2.3.7　齿轮实体特征 3

9. 建立齿轮实体特征 4——设置齿轮参数

单击主功能菜单中的"工具/参数"命令,系统将弹出"参数"对话框,如图 2.3.8 所示,单击对话框中的 ✚ 按钮,根据齿轮参数依次输入相关参数的名称和值:齿数 z(32)、模数 m(3)、压力角 afa(20)。然后再依次输入下列参数的名称:分度圆 d、基圆 db、齿根圆 df、齿顶圆 da,这几项参数的值将由关系式来确定,故先不要输入。如果参数错误或是有多余的参数可以单击"▬"按钮进行删除。单击"确定"按钮,完成齿轮参数的设置。

图 2.3.8　齿轮轴 1"参数"设置

10. 建立齿轮实体特征 4——根据已知的齿轮参数建立关系式

单击主功能菜单中的"工具/关系"命令,系统将弹出"关系"对话框,在对话框中添加关系式如下:

d = m*z
db = m*z*cos(afa)
da = d + 2*1*m
df = d − 2*(1 + 0.25)*m

如图 2.3.9 所示,单击对话框中的图标☑,系统将执行、校验关系式,校验关系式成功后,单击"确定"按钮,此时,单击对话框的"局部参数",可以看到按关系式创建的参数 d、df、db、da 的数值生成,如图 2.3.10 所示。再单击"关系"对话框中的"确定"按钮,齿轮参数关系式建立完成。

图 2.3.9 建立齿轮参数关系式

图 2.3.10 按关系式创建齿轮参数

11. 建立齿轮实体特征 4——绘制草图 3

单击图视工具"草绘"图标，系统弹出"草绘"对话框。移动鼠标选择基准平面"FRONT"作为草绘平面，接受系统默认的基准平面"RIGHT"作为草绘参考面（底），单击"草绘"按钮，系统进入草绘界面，接受系统默认的草绘参照。绘制草图 3（任意大小的四个同心圆），并依次修改四个圆的尺寸为 d、df、db、da，系统会依次弹出"是否要添加此关系"询问框，单击"是"按钮，四个参数自动生成。单击草绘图视工具图标，退出草绘界面。完成草图 3 的绘制，如图 2.3.11 所示。

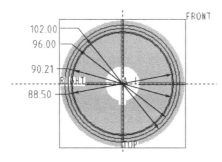

图 2.3.11　草图 3

12. 建立齿轮实体特征 4——绘制基准曲线

单击图视工具"基准曲线"图标，系统弹出如图 2.3.12 所示的"曲线选项"菜单管理器。用鼠标依次选取菜单管理器中的"从方程"、"完成"命令，弹出如图 2.3.13 所示的"曲线：从方程"对话框。

图 2.3.12　"曲线选项"菜单管理器　　　图 2.3.13　建立基准曲线的"曲线：从方程"对话框

移动鼠标在工作区或模型树中单击坐标系，在弹出如图 2.3.14 所示的"设置坐标类型"菜单管理器中单击"笛卡尔"命令，然后在系统弹出的如图 2.3.15 所示的记事本窗口中输入渐开线方程如下：

$ang = 90*t$

$r = db/2$

$x = r*cos(ang) + pi*r*ang/180*sin(ang)$

$y = r*sin(ang) - pi*r*ang/180*cos(ang)$

$z = 0$

保存并关闭"记事本"窗口，得到渐开线齿廓，如图 2.3.16 所示。

图 2.3.14 "设置坐标类型"菜单管理器

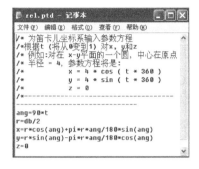
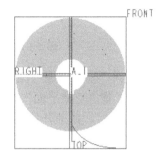

图 2.3.15 输入渐开线方程"记事本"窗口　　图 2.3.16 渐开线齿廓

 注意

建立基准曲线时,其所在平面与输入方程式中赋予的 X、Y 与 Z 的值哪个为 0 有关。

13. 建立齿轮实体特征 4——建立基准点

单击基准工具"点"图标,系统弹出"基准点"对话框,按 Ctrl 键依次在工作区中点选渐开线与分度圆轮廓线($D = 96$),建立基准点"PNT0",如图 2.3.17 所示。

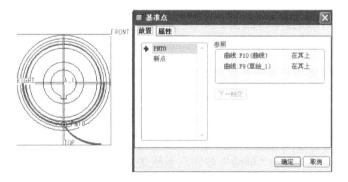

图 2.3.17 建立基准点"PNT0"

14. 建立齿轮实体特征 4——镜像渐开线齿廓

单击基准工具"基准平面"图标,系统弹出"基准平面"对话框,按 Ctrl 键依次在工作区中点选基准点"PNT0"与基准轴"A_1",创建基准平面"DTM1",如图 2.3.18 所示。

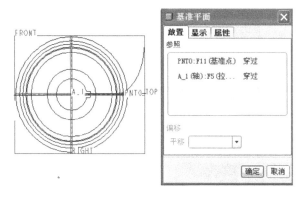

图 2.3.18　建立基准平面"DTM1"

再单击基准工具"基准平面"图标 ⟋，并按 Ctrl 键依次在工作区中点选基准点"A2"与基准轴"DTM1"，在"基准平面"对话框中输入基准轴"DTM1"偏移角度为"360/4*z"，创建基准平面"DTM2"，既渐开线齿廓的镜像面，如图 2.3.19 所示。

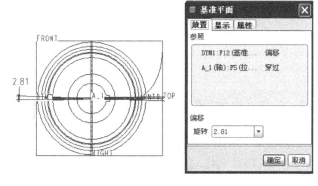

图 2.3.19　建立基准平面"DTM2"

用鼠标点选渐开线后，单击图视工具"镜像"图标 ⟋，再移动鼠标选择基准平面"DTM2"作为镜像面，然后单击镜像特征操作面板中的图标 ✓，完成渐开线齿廓的镜像。

15. 建立齿轮实体特征 4——建立拉伸切除特征，进入拉伸体截面草绘界面

移动鼠标单击图视工具图标 ⟋，或移动鼠标单击主功能菜单中的"插入/拉伸"命令，再移动鼠标依次单击拉伸体特征图标板图标 ⟋、⟋、放置、定义…，系统弹出"草绘"对话框。在对话框中用鼠标选择基准平面"FRONT"作为草绘平面，默认基准平面"RIGHT"作为草绘参考面（右），单击"草绘"按钮，系统进入拉伸体截面草绘界面，接受系统默认的草绘参照。

16. 建立齿轮实体特征 4——绘制草图 3

依次利用草绘图视工具图标 ⟋、⟋、DF、外轮廓线及渐开线，完成如图 2.3.20 所示的齿轮截面草图 3。单击草绘图视工具图标 ✓，退出草绘界面。

17. 建立齿轮实体特征 4——确定拉伸生成参数

移动鼠标单击拉伸体特征图标板 选项，分别在侧 1、侧 2 文本框中选择 非穿透，然后单

击拉伸体特征图标板图标 ，选择切除部分，再单击拉伸特征操作面板中的图标 ，选择适当的显示类型，完成齿轮实体特征 4 的建立，如图 2.3.21 所示。

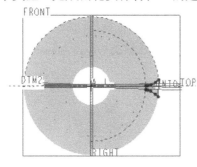
图 2.3.20　齿轮截面草图 3

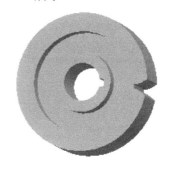
图 2.3.21　齿轮实体特征 4

18．建立齿轮实体特征 4 的阵列

单击齿轮的实体 4（拉伸切除特征），再移动鼠标单击图视工具"阵列"图标 ，如图 2.3.22 所示，选择基准轴"A_1"为阵列中心、输入阵列数 32、角度 360/32，单击阵列特征操作面板中的图标 ，完成齿轮的实体 4（拉伸切除特征）的阵列。

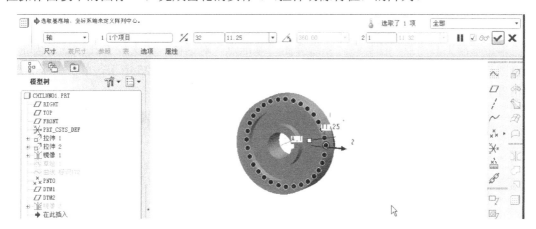
图 2.3.22　齿特征的阵列

19．建立齿轮实体特征 5——建立拉伸切除特征，进入拉伸体截面草绘界面

移动鼠标单击图视工具图标 ，或移动鼠标单击主功能菜单中的"插入/拉伸"命令，再移动鼠标依次单击拉伸体特征图标板图标 、 、 放置 、 定义... ，系统弹出"草绘"对话框。在对话框中用鼠标选择基准平面"FRONT"作为草绘平面,默认基准平面"RIGHT"作为草绘参考面（右），单击"草绘"按钮，系统进入拉伸体截面草绘界面，接受系统默认的草绘参照。

20．建立齿轮实体特征 5——绘制草图 4

依次利用草绘图视工具图标，完成如图 2.3.23 所示的齿轮截面草图 4。单击草绘图视工具图标 ，退出草绘界面。

21. 建立齿轮实体特征 5——确定拉伸生成参数

移动鼠标单击拉伸体特征图标板 选项，分别在侧 1、侧 2 文本框中选择非穿透，然后单击拉伸体特征图标板图标 ，选择切除部分，再单击拉伸特征操作面板中的图标 ，选择适当的显示类型，完成齿轮实体特征 5 的建立，如图 2.3.24 所示。

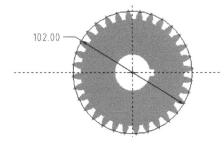

图 2.3.23　草图 4　　　　　　　　　图 2.3.24　齿轮实体特征 5

22. 保存文件

移动鼠标单击主功能菜单中的"文件/保存"命令，或单击图视工具图标 ，保存此零件。

23. 测量齿轮在分度圆上的 PNT3、PNT4 与 PNT5 的距离

单击基准工具"点"图标 ，系统弹出"基准点"对话框，依次按 Ctrl 键选取齿轮的分度圆与轮齿齿廓线，建立 PNT3、PNT4 和 PNT5 点，如图 2.3.25 所示，单击"基准点"对话框的"确定"按钮，创建测量点。

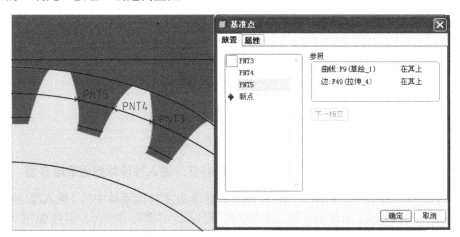

图 2.3.25　创建测量点

移动鼠标单击主功能菜单中的"分析/测量/距离"命令，在系统弹出的"距离"对话框中依次点取 PNT3 与 PNT4 点，测得两点间距离为"4.71468"mm，如图 2.3.26 所示。单击"距离"对话框上的 按钮，再依次点取 PNT4 与 PNT5 点，测得两点间距离为"4.70631"mm。

移动鼠标单击主功能菜单中的"窗口/关闭"命令，关闭齿轮零件窗口。

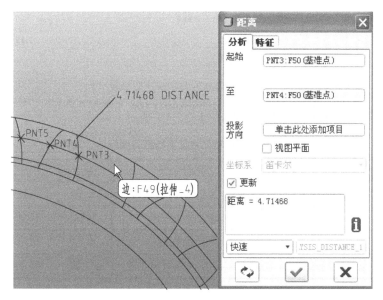

图 2.3.26 创建测量点

实例 4 轴

建立如图 2.4.1 所示的轴。此零件是由一个旋转体切割而成的切割体零件,可以利用旋转生成、拉伸切除、倒角等特征建立完成。

图 2.4.1 轴

 参考步骤

1. 进入建立实体零件界面

进入 Creo Elements / Pro 5.0 界面环境后,移动鼠标单击图视工具"新建"图标 ,或单击主功能菜单中的"文件/新建"命令,系统将弹出"新建"对话框。在"新建"对话框的"类型"选项栏中选择"零件",在"子类型"选项栏中选择"实体",在"名称"文本框中输入文件名称"zhou01",去掉"使用缺省模板"前的对号后,单击"确定"按钮。在系统弹出的"新文件选项"对话框中选择绘图单位为"mmns_part_solid"(米制),单击"确定"按钮,进入建立实体零件界面。

2. 建立轴实体特征 1——建立旋转特征

移动鼠标单击图视工具图标 ,或单击主功能菜单中的"插入/旋转"命令,系统将在信息区弹出建立旋转体特征图标板,如图 2.4.2 所示。

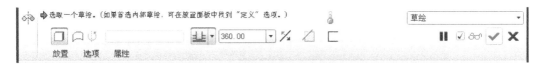

图 2.4.2　建立旋转体特征图标板

建立旋转体特征图标板各图标的含义如表 2.4.1 所示。

表 2.4.1　建立旋转体特征图标板各图标的含义

图标	含　义	图标	含　义	图标	含　义
□	建立实体特征	⁄	建立旋转切除特征	⊥	旋转到某一实体特征
⌒	建立曲面特征	⊏	建立薄壳特征	‖	暂停
360.00	输入旋转角度	⊥	给定角度旋转	☑👓	预览
✕	切换旋转方向	⊡	给定角度对称旋转	✓|✗	确定与取消

3. 建立轴实体特征 1——进入旋转体截面草绘界面

移动鼠标依次单击拉伸体特征图标板图标 □、放置、定义...，系统弹出"草绘"对话框。在对话框中用鼠标选择基准平面"FRONT"作为草绘平面，默认基准平面"RIGHT"作为草绘参考面（右），单击"草绘"按钮，系统进入旋转体截面草绘界面，接受系统默认的草绘参照。

4. 建立轴实体特征 1——绘制草图 1

依次利用草绘图视工具图标 ┊（几何中心线）、＼、ヲ，完成如图 2.4.3 所示的轴截面草图 1。单击草绘图视工具图标 ✓，退出草绘界面。

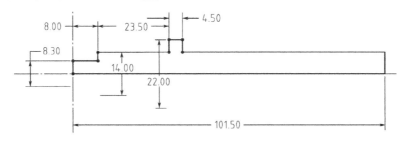

图 2.4.3　轴截面草图 1

 注意

在建立旋转实体绘制零件草图时，一定要在封闭环一侧（可与封闭环一边重合）绘制一条"几何中心线"作为旋转轴。否则，不能生成旋转实体特征。

5. 建立轴实体特征 1——确定旋转生成参数

移动鼠标单击旋转体特征图标板图标 ⊥，在其文本框中输入旋转角度值 360，然后单击旋转体特征图标板图标 ✓，完成轴实体特征 1 的建立，如图 2.4.4 所示。

图 2.4.4　轴实体特征 1

6．建立轴实体特征 2——建立拉伸特征，进入拉伸体截面草绘界面

移动鼠标单击图视工具图标 ，或移动鼠标单击主功能菜单中的"插入/拉伸"命令，再移动鼠标依次单击拉伸体特征图标板图标 、 、 、 ，系统弹出"草绘"对话框。在对话框中用鼠标选择基准平面"FRONT"作为草绘平面，默认基准平面"RIGHT"作为草绘参考面（右），单击"草绘"按钮，系统进入拉伸体截面草绘界面，接受系统默认的草绘参照。

7．建立轴实体特征 2——绘制草图 2

在绘图窗口单击鼠标右键，在弹出的菜单中选取"参照"命令；或移动鼠标单击主功能菜单中的"草绘/参照"命令，系统将弹出"参照"对话框，如图 2.4.5 所示，移动鼠标单击轴实体特征 1 上的母线，作为绘图参照线。利用草绘图视工具图标 绘制草图，修改尺寸后，完成如图 2.4.6 所示的轴截面草图 2。单击草绘图视工具图标 ，退出草绘界面。

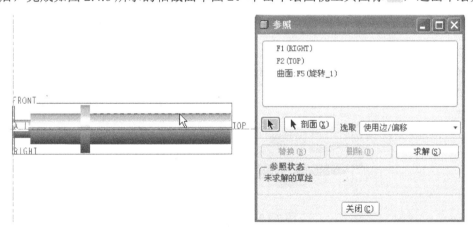

图 2.4.5　添加绘图参照

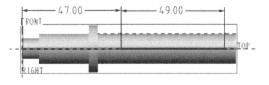

图 2.4.6　轴截面草图 2

8．建立轴实体特征 2——确定拉伸切除参数

移动鼠标单击拉伸体特征图标板 ，分别在侧 1、侧 2 文本框中选择非穿透，然后单击拉伸体特征图标板图标 ，选择切除部分，再单击拉伸体特征图标板图标 ，完成轴实体特征 2 的建立，如图 2.4.7 所示。

图 2.4.7　轴实体特征 2

9. 建立轴实体特征 3——建立拉伸特征，进入拉伸体截面草绘界面

重复步骤 6，系统进入拉伸体截面草绘界面，接受系统默认的草绘参照。

10. 建立轴实体特征 3——绘制草图 3

依次利用草绘图视工具图标 ◯、〝，完成如图 2.4.8 所示的轴截面草图 3。单击草绘图视工具图标 ✔，退出草绘界面。

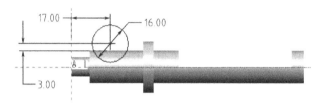

图 2.4.8　轴截面草图 3

11. 建立轴实体特征 3——确定拉伸切除参数

移动鼠标单击拉伸体特征图标板图标 ⊟，在其文本框中输入拉伸切除宽度值 3，然后单击拉伸体特征图标板图标 ✕，选择切除部分，再单击拉伸体特征图标板图标 ✔，完成轴实体特征 3 的建立，如图 2.4.9 所示。

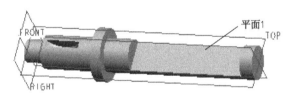

图 2.4.9　轴实体特征 3

12. 建立轴实体特征 4——建立拉伸特征，进入拉伸体截面草绘界面

移动鼠标单击图视工具图标 ⌘，或移动鼠标单击主功能菜单中的"插入/拉伸"命令，再移动鼠标依次单击拉伸体特征图标板图标 ☐、⌒、放置、定义…，系统弹出"草绘"对话框。在对话框中用鼠标选择图 2.4.9 所示的平面 1 作为草绘平面，接受系统默认的基准平面"RIGHT"作为草绘参考面，单击"草绘"按钮，系统进入拉伸体截面草绘界面，接受系统默认的草绘参照。

13. 建立轴实体特征 4——绘制草图 4

依次利用草绘图视工具图标 ◯、〝，完成如图 2.4.10 所示的轴截面草图 4。单击草绘图视工具图标 ✔，退出草绘界面。

第2章 实体特征的建立

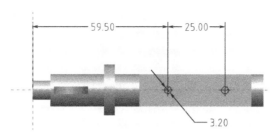

图 2.4.10 轴截面草图 4

14．建立轴实体特征 4——确定拉伸切除参数

移动鼠标依次单击拉伸体特征图标板图标 ⫟、⫽，选择切除部分，再单击拉伸体特征图标板图标 ✓，完成轴实体特征 4 的建立，如图 2.4.11 所示。

图 2.4.11 轴实体特征 4

15．建立轴的斜角特征

移动鼠标单击图视工具"边倒角"图标 ⟋，或移动鼠标单击主功能菜单中的"插入/倒角/边倒角"命令，再按住 Ctrl 键移动鼠标依次点选轴两端面的边界线后，如图 2.4.12 所示，单击圆角特征图标板图标 ⟋，并在其文本框中点选 D×D 并输入 D 值 1，完成轴斜角特征的建立。

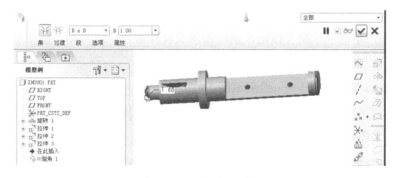

图 2.4.12 建立倒角特征

16．保存文件

移动鼠标单击主功能菜单中的"文件/保存"命令，或单击图视工具图标 💾，保存此零件。再移动鼠标单击主功能菜单中的"窗口/关闭"命令，关闭轴零件窗口。

实例 5 阀 体

建立如图 2.5.1 所示的阀体。此零件是由旋转体、拉伸体等组成的组合体零件，可以利用旋转生成、拉伸生成、孔、旋转切除、圆角、基准平面、阵列等特征建立完成。

图 2.5.1　阀体

 参考步骤

1. **进入建立实体零件界面**

进入 Creo Elements / Pro 5.0 界面环境后,移动鼠标单击图视工具"新建"图标 ,或单击主功能菜单中的"文件/新建"命令,系统将弹出"新建"对话框。在"新建"对话框的"类型"选项栏中选择"零件",在"子类型"选项栏中选择"实体",在"名称"文本框中输入文件名称"fati01",去掉"使用缺省模板"前的对号后,单击"确定"按钮。在系统弹出的"新文件选项"对话框中选择绘图单位为"mmns_part_solid"(米制),移动鼠标在"Copy associated drawings"(复制到相关的图纸中)前打对号,单击"确定"按钮,进入建立实体零件界面。

2. **建立阀体实体特征 1——建立旋转特征,进入旋转体截面草绘界面**

移动鼠标单击图视工具图标 ,或移动鼠标单击主功能菜单中的"插入/旋转"命令,再移动鼠标依次单击旋转体特征图标板图标 、放置 、定义... ,系统弹出"草绘"对话框。在对话框中用鼠标选择基准平面"TOP"作为草绘平面,默认基准平面"RIGHT"作为草绘参考面(右),单击"草绘"按钮,系统进入旋转体截面草绘界面,接受系统默认的草绘参照。

3. **建立阀体实体特征 1——绘制草图 1**

依次利用草绘图视工具图标 、 、 ,完成如图 2.5.2 所示的阀体截面草图 1。单击草绘图视工具图标 ,退出草绘界面。

4. **建立阀体实体特征 1——确定旋转生成参数**

移动鼠标单击旋转体特征图标板图标 ,在其文本框中输入旋转角度值 360,然后单击旋转体特征图标板图标 ,完成阀体实体特征 1 的建立,如图 2.5.3 所示。

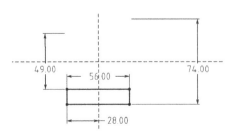
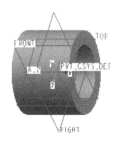

图 2.5.2　阀体截面草图 1　　　　　　图 2.5.3　阀体实体特征 1

5. 建立阀体实体特征2——进入拉伸体截面草绘界面

移动鼠标单击图视工具图标 ，或移动鼠标单击主功能菜单中的"插入/拉伸"命令，再移动鼠标依次单击旋转体特征图标板图标 、 、 ，系统弹出"草绘"对话框。在对话框中用鼠标选择图2.5.3所示阀体右端面作为草绘平面，选择基准平面"TOP"作为草绘参考面（左），单击"草绘"按钮，系统进入拉伸体截面草绘界面，接受系统默认的草绘参照。

6. 建立阀体实体特征2——绘制草图2

利用草绘图视工具图标 、 、 、 、 、 、 、 及约束关系绘制草图，修改尺寸后，完成如图2.5.4所示的阀体截面草图2。单击草绘图视工具图标 ，退出草绘界面。

7. 建立阀体实体特征2——确定拉伸生成参数

移动鼠标单击拉伸体特征图标板图标 ，在其文本框中输入拉伸厚度值8，然后单击拉伸体特征图标板图标 ，完成阀体实体特征2的建立，如图2.5.5所示。

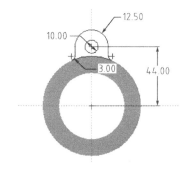
图2.5.4　阀体截面草图2

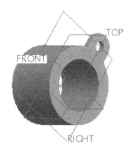
图2.5.5　阀体实体特征2

8. 建立阀体实体特征2的阵列

移动鼠标单击导航视窗模型树内的 拉伸1，再移动鼠标单击编辑图标板上的"阵列"图标 ，或移动鼠标单击主功能菜单中的"编辑/阵列"命令，系统将在窗口下侧弹出建立阵列。移动鼠标在阵列特征图标板上选择 轴 、再移动鼠标点选实体1的轴线，然后依次在阵列特征图标板上输入阵列个数3、阵列间距角度值120，单击阵列特征图标板图标 ，完成阀体实体特征2的阵列，如图2.5.6所示。

图2.5.6　阀体实体特征2的阵列

9. 建立阀体实体特征 3——建立拉伸特征，建立基准平面

移动鼠标单击图视工具图标，或移动鼠标单击主功能菜单中的"插入/拉伸"命令，然后移动鼠标单击图视工具图标，或移动鼠标单击主功能菜单中的"插入/模型基准/平面"命令，如图 2.5.7 所示，在系统弹出的"基准平面"对话框中点入基准平面"FRONT"并输入偏移距离值 40.50，单击"确定"按钮，完成基准平面"DTM1"的建立。

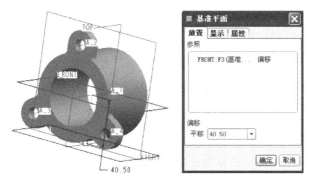

图 2.5.7　建立基准平面"DTM1"

 注意

在建立基准平面时，若要调整偏移平面的方向，可以在偏移距离值前加"-"号。

10. 建立阀体实体特征 3——进入拉伸体截面草绘界面

移动鼠标依次单击旋转体特征图标板图标、、放置、定义...，系统弹出"草绘"对话框。在对话框中用鼠标选择图 2.5.7 所示基准平面"DTM1"为草绘平面，选择基准平面"RIGHT"作为草绘参考面，单击"草绘"按钮，系统进入拉伸体截面草绘界面，接受系统默认的草绘参照。

11. 建立阀体实体特征 3——绘制草图 3

利用草绘图视工具图标绘制草图，修改尺寸后，完成如图 2.5.8 所示的阀体截面草图 3。单击草绘图视工具图标，退出草绘界面。

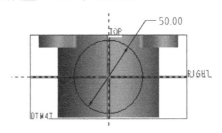

图 2.5.8　阀体截面草图 3

12. 建立阀体实体特征 3——确定拉伸生成参数

移动鼠标单击拉伸体特征图标板图标，并移动鼠标点选阀体圆柱面，如图 2.5.9 所示，再单击拉伸体特征图标板图标，完成阀体实体特征 3 的建立，如图 2.5.10 所示。

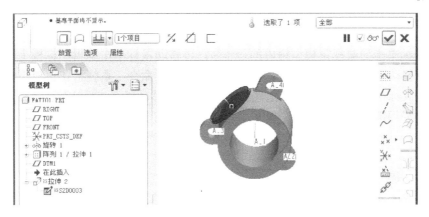

图 2.5.9　阀体实体特征 3 的建立

13．建立阀体实体特征 4——建立孔特征

移动鼠标单击图视工具图标 ⟙，再移动鼠标依次单击孔特征图标板图标 ⋃、放置，如图 2.5.11 所示，用鼠标在孔特征图标板"放置"内单击，移动鼠标选择图 2.5.10 所示阀体上的平面 1，再用鼠标在孔特征图标板"偏移参照"内单击，按住 Ctrl 键移动鼠标选择基准平面"RIGHT"与"TOP"，并在孔特征图标板"偏移参照"的文本框内输入孔位置参数"19"和"0"，移动鼠标依次在孔特征图标板上输入孔直径大小与孔的深度参数 ⌀ 5.00、8.00，单击孔特征图标板图标 ✓，完成阀体孔特征的建立，如图 2.5.12 所示。

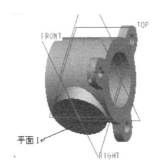

图 2.5.10　阀体实体特征 3

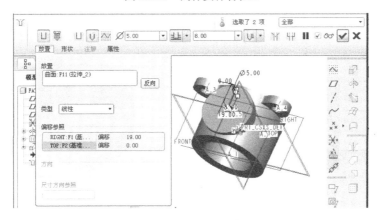

图 2.5.11　孔特征的建立

14. 建立阀体孔特征的阵列

移动鼠标单击导航视窗模型树内的 孔1，再移动鼠标单击编辑图标板上的"阵列"图标，或移动鼠标单击主功能菜单中的"编辑/阵列"命令，系统将在窗口下侧弹出建立阵列。移动鼠标在阵列特征图标板上选择 轴 、再移动鼠标点选实体4的轴线，然后依次在阵列特征图标板上输入阵列个数3、阵列间距角度值120，单击阵列特征图标板图标 ，完成阀体孔特征的阵列，如图2.5.13所示。

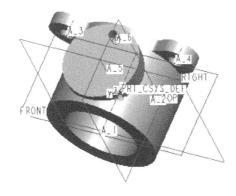
图 2.5.12　孔特征

图 2.5.13　阀体实体特征 5

15. 建立阀体实体特征 5——建立旋转切除特征，进入旋转体截面草绘界面

移动鼠标单击图视工具图标 ，或移动鼠标单击主功能菜单中的"插入/旋转"命令，再移动鼠标依次单击旋转体特征图标板图标 、 、 放置 、 定义... ，系统弹出"草绘"对话框。在对话框中用鼠标选择基准平面"RIGHT"作为草绘平面，默认基准平面"TOP"作为草绘参考面，单击"草绘"按钮，系统进入旋转体截面草绘界面，接受系统默认的草绘参照。

16. 建立阀体实体特征 5——绘制草图 5

依次利用草绘图视工具图标 、 、 、 绘制草图，修改尺寸后，完成如图2.5.14所示的阀体截面草图5。单击草绘图视工具图标 ，退出草绘界面。

17. 建立阀体实体特征 5——确定旋转切除参数

移动鼠标单击旋转体特征图标板图标 ，在其文本框中输入旋转角度值360，然后单击旋转体特征图标板图标 ，完成阀体实体特征5的建立，如图2.5.15所示。

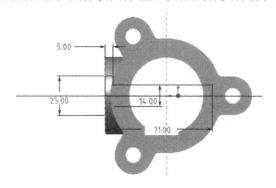
图 2.5.14　阀体截面草图 5

图 2.5.15　阀体实体特征 5

18. 建立阀体实体特征 6——建立圆角特征

移动鼠标单击图视工具图标，或移动鼠标单击主功能菜单中的"插入/圆角"命令，再移动鼠标点选图 2.5.15 所示的两个圆柱体交线后，单击圆角特征图标板图标，在其文本框中输入圆角半径值 3，完成阀体的建立。

19. 保存

移动鼠标单击主功能菜单中的"文件/保存"命令，或单击图视工具图标，保存此零件。再移动鼠标单击主功能菜单中的"窗口/关闭"命令，关闭阀体零件窗口。

实例 6　摄像头底座

建立如图 2.6.1 所示的摄像头底座。此零件是一个壳体零件，可以利用拉伸生成、斜度、旋转切除、抽壳、拉伸切除、圆角等特征建立完成。

图 2.6.1　摄像头底座

 参考步骤

1. 进入建立实体零件界面

进入 Creo Elements / Pro 5.0 界面环境后，移动鼠标单击图视工具"新建"图标，或单击主功能菜单中的"文件/新建"命令，系统将弹出"新建"对话框。在"新建"对话框的"类型"选项栏中选择"零件"，在"子类型"选项栏中选择"实体"，在"名称"文本框中输入文件名称"SXTdizuo01"，去掉"使用缺省模板"前的对号后，单击"确定"按钮。在系统弹出的"新文件选项"对话框中选择绘图单位为"mmns_part_solid"（米制），单击"确定"按钮，进入建立实体零件界面。

2. 建立摄像头底座实体特征 1——建立拉伸特征，进入拉伸体截面草绘界面

移动鼠标单击图视工具图标，或移动鼠标单击主功能菜单中的"插入/拉伸"命令，再移动鼠标依次单击旋转体特征图标板图标，系统弹出"草绘"对话框。在对话框中用鼠标选择基准平面"TOP"作为草绘平面，接受系统默认的基准平面"RIGHT"作为草绘参考面，单击"草绘"按钮，系统进入拉伸体截面草绘界面，接受系统默认的草绘参照。

3. 建立摄像头底座实体特征 1——绘制草图 1

依次利用草绘图视工具图标 ┊、\、O 绘制草图，并用鼠标点选绘制的圆，单击鼠标右键，在弹出的菜单中点选"结构"命令（或按 Ctrl+G 键），此圆由实线变成虚线。修改尺寸后，完成如图 2.6.2 所示的摄像头底座截面草图 1。单击草绘图视工具图标 ✓，退出草绘界面。

4. 建立摄像头底座实体特征 1——确定拉伸生成参数

移动鼠标单击拉伸体特征图标板图标 ⊥，在其文本框中输入拉伸厚度值 40 后，单击拉伸体特征图标板图标 ✓，完成摄像头底座实体特征 1 的建立，如图 2.6.3 所示。

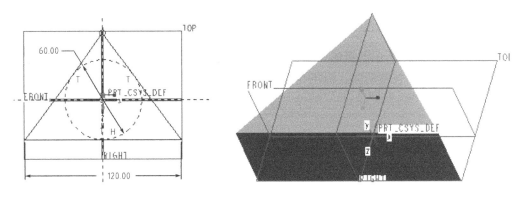

图 2.6.2　摄像头底座截面草图 1　　　　图 2.6.3　摄像头底座实体特征 1

5. 建立摄像头底座实体特征 2——建立斜度特征

移动鼠标单击图视工具图标 ⬚，或移动鼠标单击主功能菜单下拉菜单中的"插入/斜度…"命令，按住 Ctrl 键用鼠标依次点选摄像头底座实体特征 1 的三个侧面，再移动鼠标单击斜度特征图标板上的 ⬚ [单击此处添加项目]，移动鼠标点选摄像头底座实体特征 1 的下表面，并在斜度特征图标板上的文本框中输入斜度值 30，然后利用斜度特征图标板图标 ⁄ 调整斜度的方向，再单击斜度特征图标板图标 ✓，选择适当的显示类型，如图 2.6.4 所示，完成摄像头底座实体特征 2 的建立。

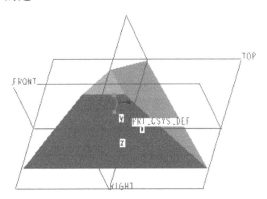

图 2.6.4　摄像头底座实体特征 2

6. 建立摄像头底座实体特征 3——建立旋转切除特征，进入旋转体截面草绘界面

移动鼠标单击图视工具图标 ◆◆，或移动鼠标单击主功能菜单中的"插入/旋转"命令，再移动鼠标依次单击旋转体特征图标板图标 □、△、放置、定义...，系统弹出"草绘"对话框。在对话框中用鼠标选择基准平面"FRONT"作为草绘平面，默认基准平面"RIGHT"作为草绘参考面，单击"草绘"按钮，系统进入旋转体截面草绘界面，接受系统默认的草绘参照。

7. 建立摄像头底座实体特征 3——绘制草图 2

依次利用草绘图视工具图标 ┃、⌒、╲ 绘制草图，修改尺寸后，完成如图 2.6.5 所示的摄像头底座截面草图 2。单击草绘图视工具图标 ✔，退出草绘界面。

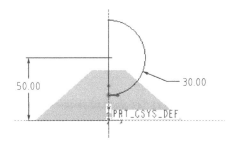

图 2.6.5　摄像头底座截面草图 2

8. 建立摄像头底座实体特征 3——确定旋转切除参数

移动鼠标单击旋转体特征图标板图标 ⊥，在其文本框中输入旋转角度值 360 后，单击旋转体特征图标板图标 ✔，完成摄像头底座实体特征 3 的建立，如图 2.6.6 所示。

9. 建立摄像头底座实体特征 4——建立壳特征

移动鼠标单击图视工具图标 ▣，或移动鼠标单击主功能菜单中的"插入/壳"命令，再移动鼠标点选如图 2.6.6 所示实体的底面后，在抽壳特征图标板的文本框中输入壳体厚度值 5，再单击特征图标板图标 ％，选择抽壳方向，如图 2.6.7 所示，完成摄像头底座实体特征 4 的建立。

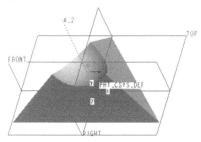　　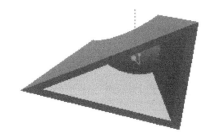

图 2.6.6　摄像头底座实体特征 3　　　　图 2.6.7　摄像头底座实体特征 4

10. 建立基准平面"DTM1"

移动鼠标单击图视工具图标 ▱，或移动鼠标单击主功能菜单中的"插入/模型基准/平面"命令，如图 2.6.8 所示，在系统弹出的"基准平面"对话框中点入基准平面"FRONT"和实体底边界上一尖点后，单击"确定"按钮，完成基准平面"DTM1"的建立。

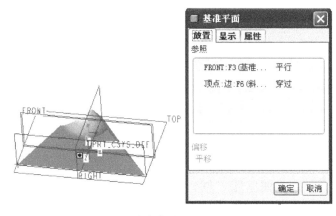

图 2.6.8 建立基准平面"DTM1"

11．建立摄像头底座实体特征 5——建立拉伸特征，进入拉伸体截面草绘界面

移动鼠标单击图视工具图标，或移动鼠标单击主功能菜单中的"插入/拉伸"命令，再移动鼠标依次单击拉伸体特征图标板图标 、 、 ，系统弹出"草绘"对话框。在对话框中用鼠标选择基准平面"DTM1"作为草绘平面，接受系统默认的基准平面"RIGHT"作为草绘参考面，单击"草绘"按钮，系统进入拉伸体截面草绘界面，接受系统默认的草绘参照。

12．建立摄像头底座实体特征 5——绘制草图 3

依次利用草绘图视工具图标 、 、 、 及约束关系绘制草图，修改尺寸后，完成如图 2.6.9 所示的摄像头底座截面草图 3。单击草绘图视工具图标 ，退出草绘界面。

13．建立摄像头底座实体特征 5——确定拉伸生成参数

移动鼠标单击拉伸体特征图标板图标 ，在其文本框中输入拉伸厚度值 3 后，单击拉伸体特征图标板图标 ，如图 2.6.10 所示，完成摄像头底座实体特征 5 的建立。

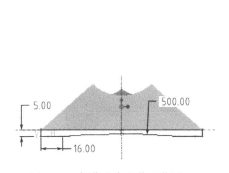

图 2.6.9 摄像头底座截面草图 3

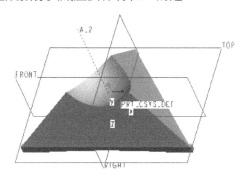

图 2.6.10 摄像头底座实体特征 5

14．建立摄像头底座实体特征 6——建立拉伸切除特征，进入拉伸体截面草绘界面

移动鼠标单击图视工具图标，或移动鼠标单击主功能菜单中的"插入/拉伸"命令，再移动鼠标依次单击拉伸体特征图标板图标 、 、 、 ，系统弹出"草绘"对话框。在对话框中用鼠标选择基准平面"TOP"作为草绘平面，默认基准平面"RIGHT"

作为草绘参考面（右），单击"草绘"按钮，系统进入拉伸体截面草绘界面，接受系统默认的草绘参照。

15．建立摄像头底座实体特征6——绘制草图4

依次利用草绘图视工具图标 ┆、□、⌒、✶ 及约束关系绘制草图，修改尺寸后，完成如图2.6.11所示的摄像头底座截面草图4。单击草绘图视工具图标 ✓，退出草绘界面。

16．建立摄像头底座实体特征6——确定拉伸切除参数

移动鼠标依次单击拉伸体特征图标板图标 ⫲、⁒，调整拉伸切除方向后，单击拉伸体特征图标板图标 ✓，完成摄像头底座实体特征6的建立，如图2.6.12所示。

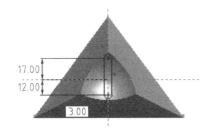

图2.6.11　摄像头底座截面草图4　　　　图2.6.12　摄像头底座实体特征6

17．建立摄像头底座实体特征 7——建立拉伸切除特征，进入拉伸体草绘界面绘制草图5

重复步骤14，系统进入拉伸体截面草绘界面，接受系统默认的草绘参照。利用草绘图视工具图标 □ 绘制草图，完成如图2.6.13所示的摄像头底座截面草图5。单击草绘图视工具图标 ✓，退出草绘界面。

18．建立摄像头底座实体特征7——确定拉伸切除参数

重复步骤16，完成摄像头底座实体特征7的建立，如图2.6.14所示。

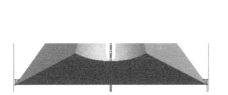
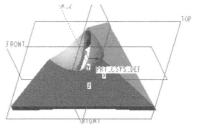

图2.6.13　摄像头底座截面草图5　　　　图2.6.14　摄像头底座实体特征7

19．建立摄像头底座实体特征8——建立拉伸特征，进入拉伸体截面草绘界面

移动鼠标单击图视工具图标 ⌐，或移动鼠标单击主功能菜单中的"插入/拉伸"命令，再移动鼠标依次单击拉伸体特征图标板图标 □、放置、定义...，系统弹出"草绘"对话框。在对话框中用鼠标选择实体一侧面作为草绘平面，如图2.6.15默认基准平面"RIGHT"作为草绘参考面（右），单击"草绘"按钮，系统进入拉伸体截面草绘界面，接受系统默认的草绘参照。

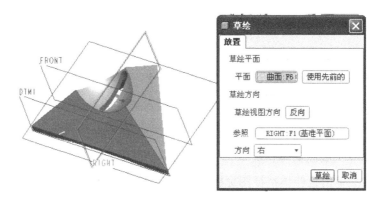

图 2.6.15 选择草绘平面

20．建立摄像头底座实体特征 8——绘制草图 6

利用草绘图视工具图标 绘制草图"LOGITECH"，修改尺寸后，完成如图 2.6.16 所示的摄像头底座截面草图 6。单击草绘图视工具图标 ，退出草绘界面。

21．建立摄像头底座实体特征 8——确定拉伸生成参数

移动鼠标单击拉伸体特征图标板图标 ，在其文本框中输入拉伸厚度值 0.5，然后单击拉伸体特征图标板图标 ，如图 2.6.17 所示，完成摄像头底座实体特征 8 的建立。

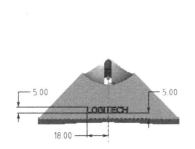
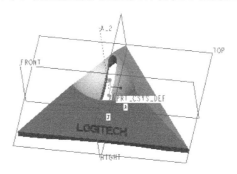

图 2.6.16 摄像头底座截面草图 6　　图 2.6.17 摄像头底座实体特征 8

22．建立圆角特征

移动鼠标单击图视工具图标 ，或移动鼠标单击主功能菜单中的"插入/圆角"命令，再移动鼠标点选摄像头底座实体特征 8 三个侧面的交线及与球面的交线后，单击圆角特征图标板图标 ，并在其文本框中输入圆角半径值 1，完成摄像头底座的建立。

23．保存文件

移动鼠标单击主功能菜单中的"文件/保存"命令，或单击图视工具图标 ，保存此零件。再移动鼠标单击主功能菜单中的"窗口/关闭"命令，关闭摄像头底座零件窗口。

实例 7 咖啡杯

建立如图 2.7.1 所示的咖啡杯。此零件是由一个旋转体和一个扫描体组合而成的零件，可以利用旋转生成、扫描生成等特征建立完成。

第 2 章 实体特征的建立

图 2.7.1 咖啡杯

 参考步骤

1. 进入建立实体零件界面

进入 Creo Elements / Pro 5.0 界面环境后，移动鼠标单击图视工具"新建"图标 ▢，或单击主功能菜单中的"文件/新建"命令，系统将弹出"新建"对话框。在"新建"对话框的"类型"选项栏中选择"零件"，在"子类型"选项栏中选择"实体"，在"名称"文本框中输入文件名称"KFbei01"，去掉"使用缺省模板"前的对号后，单击"确定"按钮。然后在系统弹出的"新文件选项"对话框中选择绘图单位为"mmns_part_solid"（米制），单击"确定"按钮，进入建立实体零件界面。

2. 建立咖啡杯实体特征 1——建立旋转特征，进入旋转体截面草绘界面

移动鼠标单击图视工具图标 ✥，或移动鼠标单击主功能菜单中的"插入/旋转"命令，再移动鼠标依次单击旋转体特征图标板图标 ▢、[放置]、[定义...]，系统弹出"草绘"对话框。在对话框中用鼠标选择基准平面"FRONT"作为草绘平面，默认基准平面"RIGHT"作为草绘参考面，单击"草绘"按钮，系统进入旋转体截面草绘界面，接受系统默认的草绘参照。

3. 建立咖啡杯实体特征 1——绘制草图 1

依次利用草绘图视工具图标 ┊、╲、╮、┌┐、✚ 及约束关系，完成如图 2.7.2 所示的咖啡杯截面草图 1。单击草绘图视工具图标 ✔，退出草绘界面。

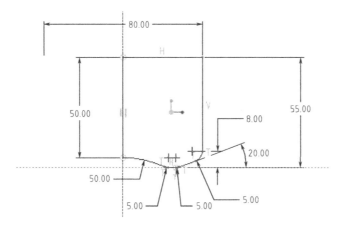

图 2.7.2 咖啡杯截面草图 1

4. 建立咖啡杯实体特征 1——确定旋转生成参数

移动鼠标单击旋转体特征图标板图标 ,在其文本框中输入旋转角度值 360 后,单击旋转体特征图标板图标 ,完成咖啡杯实体特征 1 的建立,如图 2.7.3 所示。

图 2.7.3 咖啡杯实体特征 1

5. 建立咖啡杯实体特征 2——建立壳特征

移动鼠标单击图视工具图标 ,或移动鼠标单击主功能菜单中的"插入/壳"命令,再移动鼠标单击如图 2.7.3 所示的杯口表面后,在抽壳特征图标板的文本框中输入壳体厚度值 3,再单击特征图标板图标 ,选择抽壳方向,如图 2.7.4 所示,完成咖啡杯实体特征 2 的建立。

6. 建立咖啡杯实体特征 3——建立圆角特征

移动鼠标单击图视工具图标 ,或移动鼠标单击主功能菜单中的"插入/圆角"命令,再移动鼠标点选咖啡杯实体特征 2 杯口的两条边界线后,单击圆角特征图标板图标 ,并在其文本框中输入圆角半径值 1,如图 2.7.5 所示,完成咖啡杯实体特征 3 的建立。

图 2.7.4 咖啡杯实体特征 2　　　　图 2.7.5 咖啡杯实体特征 3

7. 建立咖啡杯实体特征 4——建立扫描生成特征,进入扫描体扫描路径草绘界面

移动鼠标单击主功能菜单中的"插入/扫描/伸出项…"命令,此时系统弹出如图 2.7.6 (a) 所示的"伸出项:扫描"模型窗口及"扫描轨迹"菜单管理器。移动鼠标点选菜单管理器中的"草绘轨迹"命令,系统弹出如图 2.7.6 (b) 所示的"设置草绘平面"菜单管理器。移动鼠标依次单击菜单管理器中的"新设置"、"平面"命令及模型树中的基准平面"FRONT"(草绘平面),并在弹出的如图 2.7.6 (c)、(d) 所示的菜单管理器中单击"确定"、"缺省"命令,系统进入扫描体扫描路径草绘界面,接受系统默认的草绘参照。

第2章 实体特征的建立

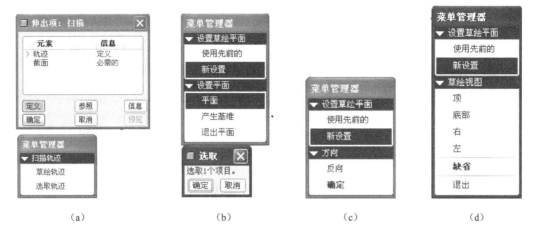

（a） （b） （c） （d）

图 2.7.6 "伸出项：扫描"模型窗口及"扫描轨迹"/"设置草绘平面"菜单管理器

8．建立咖啡杯实体特征 4——绘制草图 2（扫描路径）

依次利用草绘图视工具图标 ＼、⁺ 绘制草图，修改尺寸后，利用主功能菜单中的"草绘/特征工具/起点"命令，或选择扫描路径的起点后单击鼠标右键，在系统弹出的快捷菜单中单击"起点"命令，变动扫描路径的起始点位置，完成如图 2.7.7 所示的咖啡杯截面草图2。单击草绘图视工具图标 ✓，退出扫描路径的绘制。

9．建立咖啡杯实体特征 4——进入扫描体扫描截面草绘界面

在系统弹出的扫描"属性"菜单管理器中依次单击"合并端"、"完成"命令后（如图 2.7.8 所示），系统进入扫描体扫描截面草绘界面，接受系统默认的草绘参照。

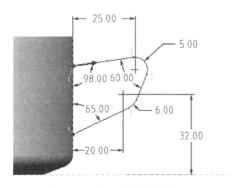 

图 2.7.7 咖啡杯截面草图 2　　　　图 2.7.8 "属性"菜单管理器

10．建立咖啡杯实体特征 4——绘制草图 3（扫描截面）

在图中两条中心线的交点处，依次利用草绘图视工具图标 □、⁺ 绘制草图，修改尺寸后，完成如图 2.7.9 所示的咖啡杯截面草图 3。单击草绘图视工具图标 ✓，退出扫描截面的绘制。

11．预览，完成咖啡杯实体特征 4 的建立

如图 2.7.10 所示，单击"伸出项：扫描"模型窗口中的"预览"按钮，显示出建立的扫描体特征后，单击"伸出项：扫描"模型窗口中的"确定"按钮，完成咖啡杯的建立。

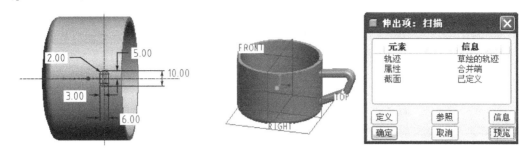

图 2.7.9　咖啡杯截面草图 3　　　　图 2.7.10　"伸出项：扫描"模型窗口

12．建立咖啡杯实体特征 5——建立偏移文字草图

移动鼠标单击图视工具"草绘"图标，或移动鼠标单击主功能菜单中的"插入/模型基准/草绘"命令，选择基准平面"FRONT"为草绘平面，接受系统默认的草绘参照，单击"草绘"按钮，系统进入草绘界面。利用草绘图视工具图标 、 及约束命令绘制咖啡杯文字草图 4，如图 2.7.11 所示，单击草绘图视工具图标 ，退出草绘界面。

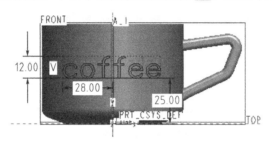

图 2.7.11　咖啡杯文字草图 4

13．建立咖啡杯实体特征 5——建立偏移特征

用鼠标点选咖啡杯的杯体表面，移动鼠标单击主功能菜单中的"编辑/偏移"命令，在系统弹出的偏移特征图标板上图标 （具有拔模特征）、 参照 、 定义... ，系统弹出"草绘"对话框。移动鼠标点选基准平面"FRONT"为草绘平面，单击"反向"并接受系统默认的草绘参照，单击"草绘"按钮，系统进入草绘界面。利用草绘图视工具图标 命令绘制咖啡杯偏移文字草图 5，单击草绘图视工具图标 ，退出草绘界面。如图 2.7.12 所示，在偏移特征图标板上的文本框内输入文字偏移高度 0.1，单击 图标使特征偏移方向向外，再单击图标 ，完成咖啡杯实体特征 5 的建立。

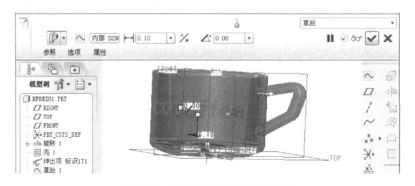

图 2.7.12　创建咖啡杯文字偏移特征

> **注意**
>
> 在建立偏移特征时，可以通过调整草绘基准平面的方向，来调整草绘图形投影的方向。

14．建立咖啡杯实体特征 5——建立偏移特征着色

移动鼠标单击图视工具下拉图标 ，在弹出的调色板上选取要着色的色球，移动鼠标点选偏移的文字，单击鼠标中键确定，完成咖啡杯实体特征 5 的着色。

15．保存文件

移动鼠标单击主功能菜单中的"文件/保存"命令，或单击图视工具图标 ，保存此零件。再移动鼠标单击主功能菜单中的"窗口/关闭"命令，关闭咖啡杯零件窗口。

实例 8　螺　钉

建立如图 2.8.1 所示的螺钉。此零件是由一个旋转体和一个螺旋扫描体组合而成的零件，可以利用旋转生成、螺旋扫描等特征建立完成。

图 2.8.1　螺钉

参考步骤

1．进入建立实体零件界面

进入 Creo Elements / Pro 5.0 界面环境后，移动鼠标单击图视工具"新建"图标 ，或单击主功能菜单中的"文件/新建"命令，系统将弹出"新建"对话框。在"新建"对话框的"类型"选项栏中选择"零件"，在"子类型"选项栏中选择"实体"，在"名称"文本框中输入文件名称"luoding01"，去掉"使用缺省模板"前的对号后，单击"确定"按钮。在系统弹出的"新文件选项"对话框中选择绘图单位为"mmns_part_solid"（米制），单击"确定"按钮，进入建立实体零件界面。

2．建立螺钉实体特征 1——建立旋转特征，进入旋转体截面草绘界面

移动鼠标单击图视工具图标 ，或移动鼠标单击主功能菜单中的"插入/旋转"命令，再移动鼠标依次单击旋转体特征图标板图标 、[放置]、[定义...]，系统弹出"草绘"对话框。在对话框中用鼠标选择基准平面"FRONT"作为草绘平面，默认基准平面"RIGHT"作为草绘参考面，单击"草绘"按钮，系统进入旋转体截面草绘界面，接受系统默认的草绘参照。

3. 建立螺钉实体特征 1——绘制草图 1

依次利用草绘图视工具图标 ┆、\ 绘制草图，修改尺寸后，完成如图 2.8.2 所示的螺钉截面草图 1。单击草绘图视工具图标 ✓，退出草绘界面。

4. 建立螺钉实体特征 1——确定旋转生成参数

移动鼠标单击旋转体特征图标板图标 ⊥，在其文本框中输入旋转角度值 360 后，单击旋转体特征图标板图标 ✓，如图 2.8.3 所示，完成螺钉实体特征 1 的建立。

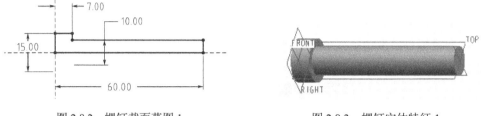

图 2.8.2　螺钉截面草图 1　　　　　　图 2.8.3　螺钉实体特征 1

5. 建立螺钉实体特征 2——建立螺旋扫描切除特征，进入螺旋扫描特征扫描路径草绘界面

移动鼠标单击主功能菜单中的"插入/螺旋扫描/切口"命令，此时系统弹出如图 2.8.4（a）所示的"切剪：螺旋扫描"模型窗口及"属性"菜单管理器。移动鼠标依次单击菜单管理器中设置螺旋节距的命令："常数"、"穿过轴"、"右手定则"（右螺旋）和"完成"，系统弹出如图 2.8.4（b）所示的"设置草绘平面"菜单管理器。移动鼠标依次单击"设置草绘平面"菜单管理器中的"新设置"、"平面"命令及模型树中的基准平面"FRONT"（草绘平面），并在系统随后弹出的如图 2.8.4（c）、（d）所示的菜单管理器中单击"确定"、"缺省"命令，系统进入螺旋扫描特征扫描路径草绘界面，接受系统默认的草绘参照。

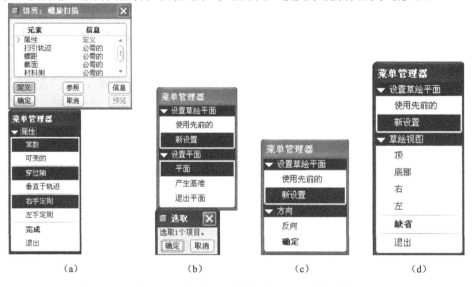

图 2.8.4　"切剪：螺旋扫描"模型窗口及相关菜单管理器

6. 建立螺钉实体特征 2——绘制扫描路径，进入螺旋扫描特征扫描截面草绘界面

依次利用草绘图视工具图标 、 、 绘制草图，修改尺寸后，利用主功能菜单中的"草绘/特征工具/起点"命令，或选择扫描路径的起点后单击鼠标右键，并在系统弹出的快捷菜单中单击"起点"命令，变动扫描路径的起始点位置，完成如图 2.8.5 所示的螺旋扫描特征的扫描路径。单击草绘图视工具图标 ✔，退出草绘界面。在信息提示处的输入节距值文本框中输入 2，单击鼠标中键确定，系统进入螺旋扫描特征扫描截面草绘界面，接受系统默认的草绘参照。

7. 建立螺钉实体特征 2——绘制扫描截面

利用草绘图视工具图标 及约束关系命令绘制草图，修改尺寸后，完成如图 2.8.6 所示的螺旋扫描特征的扫描截面（边长为 1 的等边三角形）。单击草绘图视工具图标 ✔，退出草绘界面。

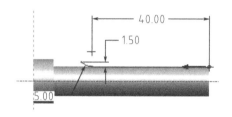
图 2.8.5　螺旋扫描特征的扫描路径

图 2.8.6　螺旋扫描特征的扫描截面

 注意

在建立螺旋扫描特征时，扫描截面的外接圆直径不能大于输入的节距值。否则，不能生成螺旋扫描特征。

8. 建立螺钉实体特征 2——确定螺旋扫描切除方向

如图 2.8.7 所示，移动鼠标在系统弹出的"方向"菜单管理器中单击"确定"。

图 2.8.7　确定螺旋扫描切除方向

 注意

移动鼠标在系统弹出的"方向"菜单管理器中单击"反向"命令可调整螺旋扫描切除的方向。

9. 建立螺钉实体特征 2——预览，完成螺钉的建立

如图 2.8.8 所示，单击"切剪：螺旋扫描"模型窗口中的"预览"按钮，显示出建立的螺旋扫描切除特征后，单击"切剪：螺旋扫描"模型窗口中的"确定"按钮，完成螺钉的建立。

图 2.8.8　螺旋扫描切除模型窗口

10．建立螺钉实体特征 3——建立拉伸切除特征，进入拉伸体截面草绘界面

移动鼠标单击图视工具图标，或移动鼠标单击主功能菜单中的"插入/拉伸"命令，再移动鼠标依次单击拉伸体特征图标板图标、、、，系统弹出"草绘"对话框。在对话框中用鼠标选择螺钉头上表面作为草绘平面，默认基准平面"RIGHT"作为草绘参考面（右），单击"草绘"按钮，系统进入拉伸体截面草绘界面，接受系统默认的草绘参照。

11．建立螺钉实体特征 3——绘制拉伸切除特征草图

单击草绘图视工具图标，系统将弹出"草绘器调色板"对话框，如图 2.8.9 所示，用鼠标单击"六边形"，并按住鼠标左键将六边形拖入绘图区，利用约束关系并修改尺寸后，完成如图 2.8.10 所示的拉伸切除截面草图。单击草绘图视工具图标，退出草绘界面。

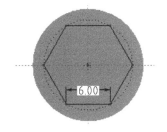

图 2.8.9　"草绘器调色板"对话框　　　图 2.8.10　拉伸切除截面草绘

 注意

在草绘界面，可以单击草绘图视工具图标（草绘器调色板），将其中已存于工作目录下的平面草图拖入绘图区，建立我们所需的截面草图，如图 2.8.11 所示。

12．建立螺钉实体特征 3——确定拉伸生成参数

移动鼠标单击拉伸体特征图标板图标，在其文本框中输入拉伸厚度值 4 后，单击拉伸体特征图标板图标，如图 2.8.12 所示，完成螺钉实体特征 3 的建立。

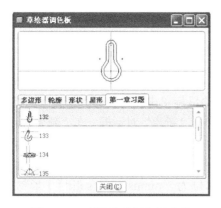

图 2.8.11 利用草绘调色板草绘

图 2.8.12 螺钉实体特征 3

13．建立倒斜角特征

移动鼠标单击图视工具图标，或移动鼠标单击主功能菜单中的"插入/倒角/边倒角"命令，移动鼠标依次点取螺钉两端面的边界线后，如图 2.8.13 所示，单击圆角特征图标板图标，并在其文本框中点选"D×D"并分别输入 D 值为 1 与 0.75，完成斜角的建立。

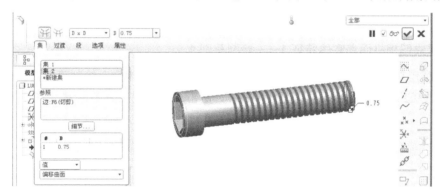

图 2.8.13 螺钉端面倒角

14．保存文件

移动鼠标单击主功能菜单中的"文件/保存"命令，或单击图视工具图标，保存此零件。再移动鼠标单击主功能菜单中的"窗口/关闭"命令，关闭螺钉零件窗口。

实例 9　照相机面盖

建立如图 2.9.1 所示的照相机面盖。此零件是一个壳体零件，可以利用拉伸生成、扫描切除、拉伸切除、斜度、圆角、抽壳等特征建立完成。

图 2.9.1 照相机面盖

参考步骤

1. **进入建立实体零件界面**

   进入 Creo Elements / Pro 5.0 界面环境后，移动鼠标单击图视工具"新建"图标 ，或单击主功能菜单中的"文件/新建"命令，系统将弹出"新建"对话框。在"新建"对话框的"类型"选项栏中选择"零件"，在"子类型"选项栏中选择"实体"，在"名称"文本框中输入文件名称"ZXJmg01"，去掉"使用缺省模板"前的对号后，单击"确定"按钮。在系统弹出的"新文件选项"对话框中选择绘图单位为"mmns_part_solid"（米制），单击"确定"按钮，进入建立实体零件界面。

2. **建立照相机面盖实体特征 1——建立拉伸特征，进入拉伸体截面草绘界面**

   移动鼠标单击图视工具图标 ，或移动鼠标单击主功能菜单中的"插入/拉伸"命令，再移动鼠标依次单击拉伸体特征图标板图标 、 、 ，系统弹出"草绘"对话框。在对话框中用鼠标选择基准平面"FRONT"作为草绘平面，默认基准平面"RIGHT"作为草绘参考面（右），单击"草绘"按钮，系统进入拉伸体截面草绘界面，接受系统默认的草绘参照。

3. **建立照相机面盖实体特征 1——绘制草图 1**

   依次利用草绘图视工具图标 、 、 、 及约束关闭命令绘制草图，修改尺寸后，完成如图 2.9.2 所示的照相机面盖截面草图 1。单击草绘图视工具图标 ，退出草绘界面。

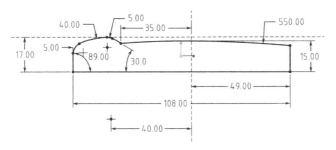

图 2.9.2　照相机面盖截面草图 1

4. **建立照相机面盖实体特征 1——确定拉伸生成参数**

   移动鼠标单击拉伸体特征图标板图标 ，在其文本框中输入拉伸体厚度值 60 后，单击拉伸体特征图标板图标 ，选择适当的显示类型，完成照相机面盖实体特征 1 的建立，如图 2.9.3 所示。

图 2.9.3　照相机面盖实体特征 1

5. 建立照相机面盖实体特征 2——建立斜度特征

移动鼠标单击图视工具图标 ，或移动鼠标单击主功能菜单下拉菜单中的"插入/斜度…"命令，按住 Ctrl 键用鼠标依次点选照相机面盖要加斜度的三个侧面，如图 2.9.4 所示，再移动鼠标单击斜度特征图标板上的 ，移动鼠标点选实体 1 下表面，并在斜度特征图标板上的文本框中输入斜度值 1，然后利用斜度特征图标板图标 调整斜度的方向，再单击斜度特征图标板图标 ，选择适当的显示类型，完成照相机面盖实体特征 2 的建立。

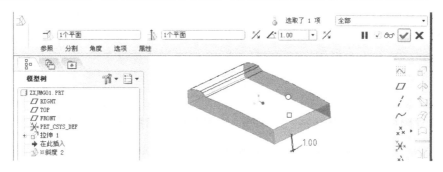

图 2.9.4　斜度建立

 注意

> 在建立拔模斜度时，所要建立斜度的面与其相邻面不能有圆角连接，否则，不能生成斜度特征。

6. 建立照相机面盖实体特征 3——建立扫描切除特征，进入扫描切除体扫描路径草绘界面

移动鼠标单击主功能菜单中的"插入/扫描/切口…"命令，此时系统弹出如图 2.9.5（a）所示的"切剪：扫描"模型窗口及"扫描轨迹"菜单管理器。移动鼠标单击菜单管理器中的"草绘轨迹"命令，系统弹出如图 2.9.5（b）所示的"设置草绘平面"菜单管理器。移动鼠标依次单击菜单管理器中的"新设置"、"平面"命令及模型树中的基准平面"FRONT"（草绘平面），并在系统随后弹出的如图 2.9.5（c）、（d）所示的菜单管理器中单击"确定"、"缺省"命令，系统进入扫描体扫描路径草绘界面，接受系统默认的草绘参照。

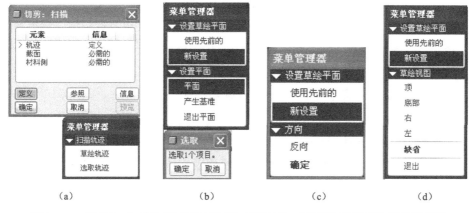

图 2.9.5　"切剪：扫描"模型窗口及"扫描轨迹"/"设置草绘平面"菜单管理器

7. 建立照相机面盖实体特征 3——绘制扫描切除路径

利用草绘图视工具图标 绘制草图，若要变动扫描路径的起始点位置，可移动鼠标点选新的扫描路径起始点，并单击主功能菜单中的"草绘/特征工具/起点"命令，或在扫描路径起始点的位置单击鼠标右键，在系统弹出的快捷菜单中单击"起点"命令，如图 2.9.6 所示，完成照相机面盖扫描切除路径草图。单击草绘图视工具图标 ，退出扫描切除路径草绘界面。

图 2.9.6　扫描切除路径草图

8. 建立照相机面盖实体特征 3——进入扫描切除体扫描截面草绘界面

如图 2.9.7 所示，移动鼠标在系统弹出的"属性"菜单管理器中单击"自由端"、"完成"命令，系统进入扫描切除体扫描截面草绘界面，接受系统默认的草绘参照。

9. 建立照相机面盖实体特征 3——绘制扫描切除截面

依次利用草绘图视工具图标 及约束命令绘制草图，修改尺寸后，完成如图 2.9.8 所示的扫描切除截面草图的绘制。单击草绘图视工具图标 ，退出扫描切除截面草绘界面。

　　　　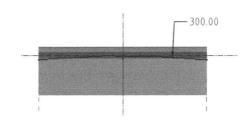

图 2.9.7　"属性"菜单管理器　　　图 2.9.8　扫描切除截面草图

10. 建立照相机面盖实体特征 3——确定扫描切除部分，预览

移动鼠标在系统弹出的"方向"菜单管理器中单击"反向"命令调整要切除的部分，如图 2.9.9（a）所示，再单击"确定"命令。移动鼠标单击"切剪：扫描"模型窗口中的"预览"按钮查看建模结果，如图 2.9.9（b）所示，单击"确定"按钮，完成照相机面盖实体特征 3 的建立，如图 2.9.10 所示。

11. 建立照相机面盖实体特征 4——建立圆角特征

移动鼠标单击图视工具图标 ，或移动鼠标单击主功能菜单中的"插入/圆角"命令，再按住 Ctrl 键移动鼠标点选图 2.9.10 中所示面 1、面 2 后，单击圆角特征图标板图标 ，并在其文本框中输入圆角半径值 10，完成照相机面盖实体特征 4 的建立，如图 2.9.11 所示。

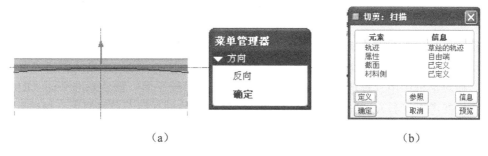

(a)　　　　　　　　　　　　　　　　　(b)

图 2.9.9 "方向"菜单管理器与"切剪:扫描"模型窗口

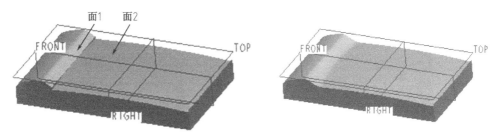

图 2.9.10　照相机面盖实体特征 3　　　　　图 2.9.11　照相机面盖实体特征 4

12．建立照相机面盖实体特征 5——进入拉伸体截面草绘界面

移动鼠标单击图视工具图标，或移动鼠标单击主功能菜单中的"插入/拉伸"命令，再移动鼠标依次单击旋转体特征图标板图标、、，系统弹出"草绘"对话框。在对话框中用鼠标选择基准平面"TOP"为草绘平面，选择基准平面"RIGHT"作为草绘参考面，单击"草绘"按钮，系统进入拉伸体截面草绘界面，接受系统默认的草绘参照。

13．建立照相机面盖实体特征 5——绘制草图 2

利用草绘图视工具图标 ○ 绘制草图，修改尺寸后，完成如图 2.9.12 所示的照相机面盖截面草图 2。单击草绘图视工具图标 ✓，退出草绘界面。

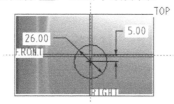

图 2.9.12　照相机面盖截面草图 2

14．建立照相机面盖实体特征 5——确定拉伸生成参数

移动鼠标单击拉伸体特征图标板图标，并移动鼠标点选照相机面盖的上表面，再单击拉伸体特征图标板图标 ✓，完成照相机面盖实体特征 5 的建立，如图 2.9.13 所示。

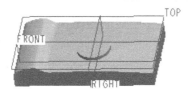

图 2.9.13　照相机面盖实体特征 5

15．建立照相机面盖实体特征 6——建立拉伸切除特征

移动鼠标单击图视工具图标，或移动鼠标单击主功能菜单中的"插入/拉伸"命令，再移动鼠标依次单击拉伸体特征图标板图标 、 、 放置 、 定义 ，系统弹出"草绘"对话框。在对话框中用鼠标选择基准平面"TOP"作为草绘平面，默认基准平面"RIGHT"作为草绘参考面（右），单击"草绘"按钮，系统进入拉伸体截面草绘界面，接受系统默认的草绘参照。按如图 2.9.14 所示的照相机面盖截面草图 3，完全切除，完成照相机面盖实体特征 6 的建立，如图 2.9.15 所示。

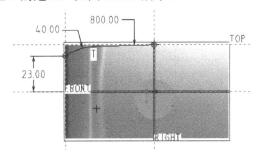 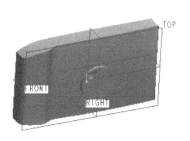

图 2.9.14　照相机面盖截面草图 3　　　图 2.9.15　照相机面盖实体特征 6

16．建立照相机面盖实体特征 7——建立圆角特征

利用图视工具图标，或移动鼠标单击主功能菜单中的"插入/圆角"命令，点选实体的相邻两面建立半径为 3 的圆角特征，完成照相机面盖实体特征 7 的建立，如图 2.9.16 所示。

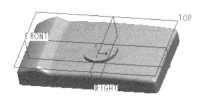

图 2.9.16　照相机面盖实体 7

17．建立照相机面盖实体特征 8——建立拉伸切除特征

移动鼠标单击图视工具图标，或移动鼠标单击主功能菜单中的"插入/拉伸"命令，再移动鼠标依次单击拉伸体特征图标板图标 、 、 放置 、 定义 ，系统弹出"草绘"对话框。在对话框中用鼠标选择基准平面"TOP"作为草绘平面，默认基准平面"RIGHT"作为草绘参考面（右），单击"草绘"按钮，系统进入拉伸体截面草绘界面，接受系统默认的草绘参照。按如图 2.9.17 所示的照相机面盖截面草图 4，切除深度值为 5，完成照相机面盖实体特征 8 的建立，如图 2.9.18 所示。

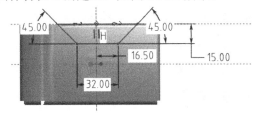 

图 2.9.17　照相机面盖截面草图 4　　　图 2.9.18　照相机面盖实体特征 8

18. 建立照相机面盖实体特征 9——建立斜度特征

移动鼠标单击图视工具图标 ，或移动鼠标单击主功能菜单中的"插入/斜度…"命令，按住 Ctrl 键用鼠标依次点选照相机面盖要加斜度的三个侧面，如图 2.9.19 所示，再移动鼠标单击斜度特征图标板上的 ，移动鼠标点选实体 7 的下表面，并在斜度特征图标板的斜度值文本框中输入 30，然后利用斜度特征图标板图标 调整斜度的方向，再单击斜度特征图标板图标 ，选择适当的显示类型，完成照相机面盖实体特征 9 的建立，如图 2.9.20 所示。

19. 建立照相机面盖实体特征 10——建立圆角特征

利用图视工具图标 ，或移动鼠标单击主功能菜单中的"插入/圆角"命令，点选实体要建立圆角的相邻两面，建立半径为 1 的圆角特征，完成照相机面盖实体特征 10 的建立，如图 2.9.21 所示。

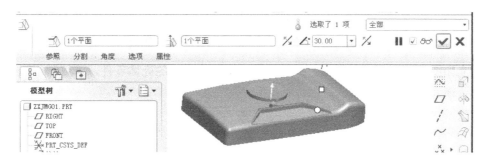

图 2.9.19　斜度建立

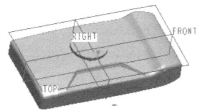

图 2.9.20　照相机面盖实体特征 9　　　　图 2.9.21　照相机面盖实体特征 10

20. 建立照相机面盖实体特征 11——建立壳特征

移动鼠标单击图视工具图标 ，或移动鼠标单击主功能菜单中的"插入/壳"命令，再移动鼠标点选照相机面盖的表面，在抽壳特征图标板的文本框中输入壳体厚度值 1，选择抽壳方向后，完成照相机面盖实体特征 11 的建立，如图 2.9.22 所示。

21. 建立拉伸切除特征，完成照相机面盖实体特征的建立

移动鼠标单击图视工具图标 ，或移动鼠标单击主功能菜单中的"插入/拉伸"命令，再移动鼠标依次单击拉伸体特征图标板图标 、 、 、 ，系统弹出"草绘"对话框。在对话框中用鼠标选择基准平面"TOP"作为草绘平面，默认基准平面"RIGHT"作为草绘参考面（右），单击"草绘"按钮，系统进入拉伸体截面草绘界面，接受系统默认的草绘参照。按如图 2.9.23 所示的照相机面盖截面草图 5，完全贯穿切除，完成照相机面盖

实体特征的建立。

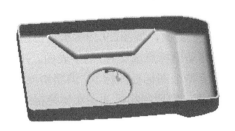

图 2.9.22　照相机面盖实体特征 11

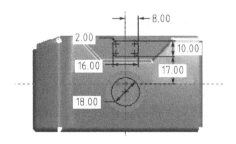

图 2.9.23　照相机面盖截面草图 5

22. 保存文件

移动鼠标单击主功能菜单中的"文件/保存"命令，或单击图视工具图标，保存此零件。再移动鼠标单击主功能菜单中的"窗口/关闭"命令，关闭照相机面盖零件窗口。

实例 10　花　瓶

建立如图 2.10.1 所示的花瓶。此零件是一个下方上圆的壳体零件，可以利用混合、拉伸生成、抽壳等特征建立完成。

图 2.10.1　花瓶

参考步骤

1. 进入建立实体零件界面

进入 Creo Elements / Pro 5.0 界面环境后，移动鼠标单击图视工具"新建"图标，或单击主功能菜单中的"文件/新建"命令，系统将弹出"新建"对话框。在"新建"对话框的"类型"选项栏中选择"零件"，在"子类型"选项栏中选择"实体"，在"名称"文本框中输入文件名称"huaping01"，去掉"使用缺省模板"前的对号后，单击"确定"按钮。在系统弹出的"新文件选项"对话框中选择绘图单位为"mmns_part_solid"（米制），单击"确定"按钮，进入建立实体零件界面。

2. 建立花瓶实体特征 1——建立混合特征，进入生成混合特征草绘界面

移动鼠标单击主功能菜单中的"插入/混合/伸出项…"命令，此时系统弹出如图 2.10.2（a）所示的建立混合特征的"混合选项"菜单管理器。移动鼠标依次单击菜单管理器中的"平行"、"规则截面"、"草绘截面"、"完成"命令，系统弹出如图 2.10.2（b）所示的生成混合特征"伸出项"模型窗口和"属性"菜单管理器。移动鼠标依次单击"属性"菜单管理器中的"光滑"、"完成"命令，在系统弹出的如图 2.10.2（c）所示的"设置草绘平面"菜单管理器中默认"新设置"、"平面"命令，移动鼠标点选模型树中的基准平面"TOP"（草绘平面），再移动鼠标依次在如图 2.10.2（d）、（e）所示的"设置草绘平面"菜单管理器中单击"确定"、"缺省"命令，系统进入生成混合特征草绘界面，接受系统默认的 F1（RIGHT）和 F3（FRONT）作为草绘参照。

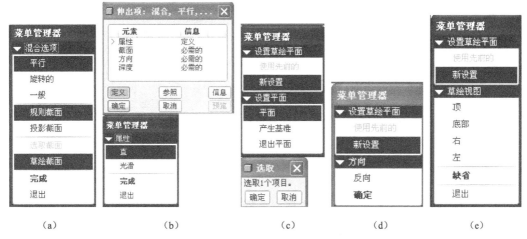

图 2.10.2　建立混合特征的模型窗口及其菜单管理器

3．建立花瓶实体特征 1——绘制草图 1

利用草绘图视工具图标 ╲ 绘制花瓶截面草图 1，如图 2.10.3 所示。

移动鼠标单击主功能菜单中的"草绘/特征工具/切换截面"命令，或单击鼠标右键，在系统弹出的快捷菜单中单击"切换截面"命令，进入下一截面草绘界面。

4．建立花瓶实体特征 1——绘制草图 2

利用草绘图视工具图标 ○ 绘制圆，利用草绘图视工具图标 ┍ 在圆与中心线相交处打断；利用主功能菜单中的"草绘/特征工具/起点"命令，或在扫描路径的起始点位置处单击鼠标右键，在系统弹出的快捷菜单中单击"起点"命令，调整箭头位置和指向（各截面草图上箭头的位置和指向要一致），完成花瓶截面草图 2，如图 2.10.4 所示。

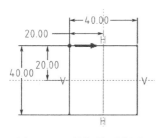 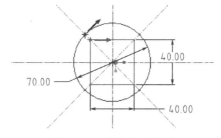

图 2.10.3　花瓶截面草图 1　　　　图 2.10.4　花瓶截面草图 2

 注意

在标注圆的尺寸时，若圆由多段圆弧所组成，单击草绘图视工具图标，用鼠标单击圆弧标注的是半径尺寸，用鼠标双击圆弧标注的是直径尺寸。

5. 建立花瓶实体特征 1——绘制草图 3、草图 4

重复步骤 4，分别完成花瓶截面草图 3、花瓶截面草图 4，如图 2.10.5、图 2.10.6 所示。单击草绘图视工具图标 ✔，退出草绘界面。

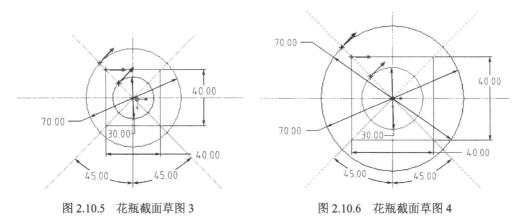

图 2.10.5　花瓶截面草图 3　　　　　图 2.10.6　花瓶截面草图 4

6. 建立花瓶实体特征 1——确定生成混合特征参数

此时系统弹出建立混合特征"深度"菜单管理器，移动鼠标依次单击此菜单管理器中的"盲孔"、"完成"命令，然后在信息提示区的文本框中依次输入各截面间的距离值 30、40、20（每个值输入后按中键确认），然后移动鼠标单击混合特征"伸出项"模型窗口中的"确定"按钮，完成花瓶实体特征 1 的建立，如图 2.10.7 所示。

图 2.10.7　花瓶实体特征 1

 注意

> 在建立混合特征时，使有截面的边数要相同，起点要在相应位置上，起点处的箭头方向要相同。有时根据零件特征需要，可以用混合顶点代替边——用鼠标单击要添加混合顶点处，单击鼠标右键，在弹出的快捷菜单中单击"混合顶点"命令。

7. 建立花瓶实体特征 2——建立拉伸生成特征

移动鼠标单击图视工具图标，或移动鼠标单击主功能菜单中的"插入/拉伸"命令，再移动鼠标依次单击拉伸体特征图标板图标 、放置、定义，然后选择视图特征 1 下表面为草绘平面，按图 2.10.8 所示的花瓶截面草图 5，设定拉伸高度值为 2，完成花瓶实体特征 2 的建立，如图 2.10.9 所示。

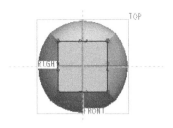 

图 2.10.8　花瓶截面草图 5　　　　图 2.10.9　花瓶实体特征 2

8．建立抽壳特征，完成花瓶实体特征的建立

移动鼠标单击图视工具图标，或移动鼠标单击主功能菜单中的"插入/壳"命令，再移动鼠标点选花瓶的上表面，在壳特征图标板的文本框中输入壳体厚度值 2，选择抽壳方向后，完成花瓶实体特征的建立。

9．保存文件

移动鼠标单击主功能菜单中的"文件/保存"命令，或单击图视工具图标，保存此零件。再移动鼠标单击主功能菜单中的"窗口/关闭"命令，关闭花瓶零件窗口。

实例 11　风扇叶片

建立如图 2.11.1 所示的风扇叶片。此零件是由拉伸体、混合体组合而成的组合体零件，可以利用拉伸生成、混合、实体阵列、圆角等特征建立完成。

图 2.11.1　风扇叶片

 参考步骤

1．进入建立实体零件界面

进入 Creo Elements / Pro 5.0 界面环境后，移动鼠标单击图视工具"新建"图标，或单击主功能菜单中的"文件/新建"命令，系统将弹出"新建"对话框。在"新建"对话框的"类型"选项栏中选择"零件"，在"子类型"选项栏中选择"实体"，在"名称"文本框中输入文件名称"FSyp01"，去掉"使用缺省模板"前的对号后，单击"确定"按钮。在系统弹出的"新文件选项"对话框中选择绘图单位为"mmns_part_solid"（米制），单击"确定"按钮，进入建立实体零件界面。

2．进入风扇叶片实体特征 1——建立拉伸特征

移动鼠标单击图视工具图标，或移动鼠标单击主功能菜单中的"插入/拉伸"命令，再移动鼠标依次单击拉伸体特征图标板图标□、放置、定义，然后选择基准平面"TOP"为草绘平面，接受系统默认的草绘参照，按图2.11.2所示的风扇叶片截面草图1双向拉伸，拉伸厚度值分别为5和25，完成风扇叶片实体特征1的建立，如图2.11.3所示。

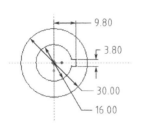
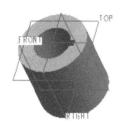

图2.11.2　风扇叶片截面草图1　　　　图2.11.3　风扇叶片实体特征1

3. 建立风扇叶片实体特征2——建立混合生成特征，进入混合生成草绘界面

移动鼠标单击主功能菜单中的"混合/伸出项…"命令，此时系统弹出如图 2.11.4（a）所示的建立混合特征的"混合选项"菜单管理器。移动鼠标依次单击菜单管理器中的"一般"、"规则截面"、"草绘截面"、"完成"命令，系统弹出如图 2.11.4（b）所示的混合特征"伸出项"模型窗口和"属性"菜单管理器。移动鼠标依次单击该菜单管理器中的"光滑"、"完成"命令，在系统弹出的如图2.11.4（c）所示的"设置草绘平面"菜单管理器中默认"新设置"、"平面"命令，移动鼠标点选模型树中的基准平面"TOP"（草绘平面），再移动鼠标依次单击图 2.11.4（d）、（e）所示的菜单管理器中的"反向"、"确定"、"缺省"命令，系统进入混合生成草绘界面，接受系统默认的F1（RIGHT）和F3（FRONT）作为草绘参照。

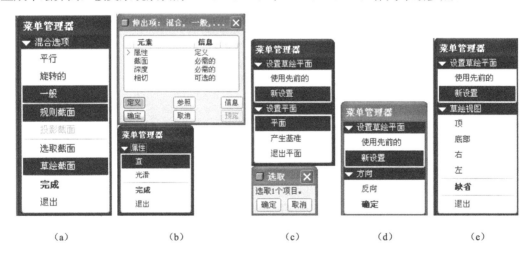

图2.11.4　建立混合特征模型窗口及相关菜单管理器

4. 建立风扇叶片实体特征2——绘制草图2

利用草绘图视工具图标□、♂（坐标系）、□及约束命令绘制风扇叶片截面草图2，如图2.11.5所示，单击草绘图视工具图标✓，退出草绘界面。

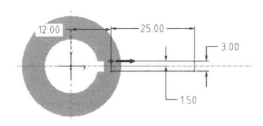

图 2.11.5　风扇叶片截面草图 2

5. 建立风扇叶片实体特征 2——进入下一截面草绘界面

移动鼠标在信息提示区 给截面2 输入 x_axis旋转角度 (范围:+-120) 文本窗口内输入 0 并按中键确定、在 给截面2 输入 y_axis旋转角度 (范围:+-120) 文本窗口内输入 0 并按中键确定、在 给截面2 输入 z_axis旋转角度 (范围:+-120) 文本窗口内输入 45 并按中键确定，系统进入截面草绘界面。

6. 建立风扇叶片实体特征 2——绘制草图 3

利用草绘图视工具图标 ┊、□、⋰、▯ 及约束命令绘制风扇叶片截面草图 3（注意两个截面草图上的起始点箭头的一致性），如图 2.11.6 所示。单击草绘图视工具图标 ✓，退出草绘界面。系统将弹出混合截面确认对话框，如图 2.11.7 所示，单击"否"按钮，完成风扇叶片截面草图的绘制。

图 2.11.6　风扇叶片截面草图 3

图 2.11.7　混合截面确认对话框

 注意

在建立"一般"混合特征时，每个草绘截面均要建立一个坐标系。

7. 建立风扇叶片实体特征 2——确定混合生成参数

此时在信息提示 输入截面2的深度 的文本框中输入截面 1 与截面 2 间距离值 20，再依次单击信息提示板图标 ✓、混合特征"伸出项"模型窗口中的"确定"按钮，完成如图 2.11.8 所示的风扇叶片实体特征 2 的建立。

8. 建立风扇叶片实体特征 3——圆角

利用图视工具图标 ⌇，或移动鼠标单击主功能菜单中的"插入/圆角"命令，分别点选实体要建立圆角的相邻两个面，建立半径为 5 的圆角特征，完成风扇叶片实体特征 3 的建立，如图 2.11.9 所示。

10. 建立组

按住 Ctrl 键或 Shift 键，移动鼠标单击导航视窗模型树内的 ⌇伸出项 标识4299、⌇倒圆角 1 和 ⌇倒圆角2，如图 2.11.10 所示，再单击鼠标右键，在弹出的菜单中单击"组"命令，或移动鼠标单击主功能菜单中的"编辑/组"命令，组建立完成。

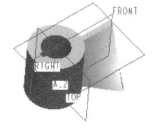

图 2.11.8　风扇叶片实体特征 2

Pro/E 实训教材（第3版）

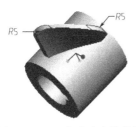

图 2.11.9　风扇叶片实体特征 3

图 2.11.10　建立组

11．阵列

移动鼠标单击导航视窗模型树中的 组LOCAL_GROUP，再移动鼠标单击编辑图标板上的"阵列"图标，或移动鼠标单击主功能菜单中的"编辑/阵列"命令，系统将在窗口下侧弹出建立阵列。如图 2.11.11 所示，移动鼠标在阵列特征图标板上选择"轴"、再移动鼠标点选齿轮实体特征的轴线，然后依次在阵列特征图标板上输入阵列个数 9、阵列间距角度值 40，单击阵列特征图标板图标，完成风扇叶片实体特征的建立。

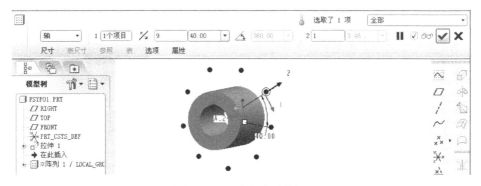

图 2.11.11　建立阵列特征

12．保存文件

移动鼠标单击主功能菜单中的"文件/保存"命令，或单击图视工具图标，保存此零件。再移动鼠标单击主功能菜单中的"窗口/关闭"命令，关闭风扇叶片零件窗口。

实例 12　五角星

建立如图 2.12.1 所示的五角星。此零件是一个壳体零件，可以利用混合、抽壳等特征建立完成。

图 2.12.1　五角星

参考步骤

1. 进入建立实体零件界面

进入 Creo Elements / Pro 5.0 界面环境后，移动鼠标单击图视工具"新建"图标□，或单击主功能菜单中的"文件/新建"命令，系统将弹出"新建"对话框。在"新建"对话框的"类型"选项栏中选择"零件"，在"子类型"选项栏中选择"实体"，在"名称"文本框中输入文件名称"WJxing01"，去掉"使用缺省模板"前的对号后，单击"确定"按钮。在系统弹出的"新文件选项"对话框中选择绘图单位为"mmns_part_solid"（米制），单击"确定"按钮，进入建立实体零件界面。

2. 建立五角星实体特征 1——建立混合生成特征，进入混合生成特征草绘界面

移动鼠标单击主功能菜单中的"插入/混合/伸出项…"命令，系统将弹出建立混合特征"混合选项"菜单管理器。移动鼠标依次单击该菜单管理器中的"平行"、"规则截面"、"草绘截面"、"完成"命令，系统将弹出生成混合特征"伸出项"模型窗口和"属性"菜单管理器。移动鼠标依次单击该菜单管理器中的"光滑"、"完成"命令，在系统弹出的"设置草绘平面"菜单管理器中默认"新设置"、"平面"命令，移动鼠标点选模型树中的基准平面"TOP"（草绘平面），再移动鼠标依次单击"设置草绘平面"菜单管理器中的"确定"、"缺省"命令，系统进入混合生成特征草绘界面，接受系统默认的草绘参照。

3. 建立五角星实体特征 1——绘制草图 1

利用草绘图视工具图标 ＼ 绘制五角星截面草图 1，或利用草绘图视工具图标◎、↔及约束命令完成五角星截面草绘 1，如图 2.12.2 所示。

4. 建立五角星实体特征 1——绘制草图 2

移动鼠标单击主功能菜单中的"草绘/特征工具/切换截面"命令，或单击鼠标右键，在系统弹出的快捷菜单中单击"切换截面"命令，进入下一截面草绘界面。利用草绘图视工具图标 ×，在草图 1 的中心处绘制一点，完成五角星截面草图 2，如图 2.12.3 所示。单击草绘图视工具图标 ✓，退出草绘界面。

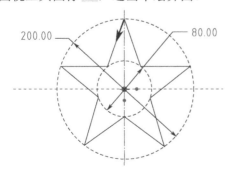

图 2.12.2　五角星截面草图 1

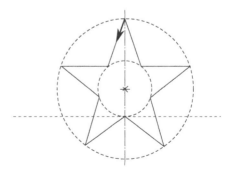

图 2.12.3　五角星截面草图 2

5. 建立五角星实体特征 1——确定混合生成特征参数

此时系统弹出建立混合特征"深度"菜单管理器，移动鼠标依次单击此菜单管理器中的"盲孔"、"完成"命令，在信息提示区的文本框中依次输入两截面间的距离值均为 35 后单击图标☑，最后移动鼠标单击混合特征"伸出项"模型窗口中的"确定"按钮，完成五角星实体特征 1 的建立，如图 2.12.4 所示。

图 2.12.4　五角星实体 1

6. 建立五角星实体特征 2——建立壳特征

移动鼠标单击图视工具图标 ▢，或移动鼠标单击主功能菜单中的"插入/壳"命令，再移动鼠标点选五角星的底面，在抽壳特征图标板的文本框中输入壳体厚度值 2，选择抽壳方向后，完成五角星实体特征的建立。

7. 保存文件

移动鼠标单击主功能菜单中的"文件/保存"命令，或单击图视工具图标 ▢，保存此零件。再移动鼠标单击主功能菜单中的"窗口/关闭"命令，关闭五角星零件窗口。

实例 13　把　手

建立如图 2.13.1 所示的把手。此零件是一个变截面实体零件，可以利用扫描混合特征建立完成。

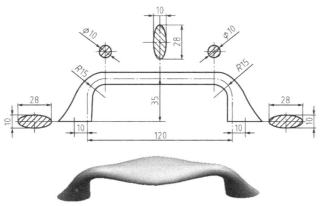

图 2.13.1　把手

参考步骤

1. 进入建立实体零件界面

进入 Creo Elements / Pro 5.0 界面环境后，移动鼠标单击图视工具"新建"图标 ▢，或单击主功能菜单中的"文件/新建"命令，系统将弹出"新建"对话框。在"新建"对话框的"类型"选项栏中选择"零件"，在"子类型"选项栏中选择"实体"，在"名称"文本框中输入文件名称"bashou01"，去掉"使用缺省模板"前的对号后，单击"确定"按钮。在系统弹出的"新文件选项"对话框中选择绘图单位为"mmns_part_solid"（米制），单击"确定"按钮，进入建立实体零件界面。

2. 建立把手扫描混合特征——建立扫描混合轨迹

移动鼠标单击图视工具"草绘"图标，或移动鼠标单击主功能菜单中的"插入/模型基准/草绘"命令，选择基准平面"FRONT"为草绘平面，接受系统默认的草绘参照，系统进入草绘界面。利用草绘图视工具图标 ╲、┿、┊、◎、┠┤ 及约束命令绘制草图 1，如图 2.13.2 所示，单击草绘图视工具图标 ✓，退出草绘界面。

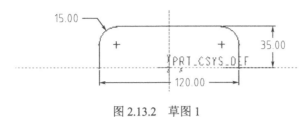

图 2.13.2　草图 1

3. 建立把手扫描混合特征——选取扫描混合轨迹

移动鼠标单击主功能菜单中的"插入/扫描混合"命令，再依次单击扫描混合特征图标板图标 ▢、参照，移动鼠标点选草图 1 所绘制的曲线，如图 2.13.3 所示，默认扫描混合特征图标板上"参照"选项中各选项的值。

系统弹出"草绘"对话框。在对话框中用鼠标选择基准平面"TOP"作为草绘平面，默认扫描混合特征图标板上"参照"选项中各选项的值。

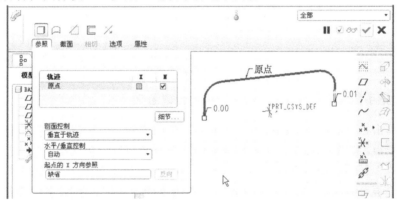

图 2.13.3　选取轨迹

4. 建立把手扫描混合特征——绘制扫描混合截面 1

用鼠标依次单击扫描混合特征图标板图标 截面、● 草绘截面，再移动鼠标点选扫描混合轨迹线一端点，如图 2.13.4 所示。默认截面 1 位置及方向，如图 2.13.5 所示，用鼠标单击扫描混合特征图标板上的 草绘 按钮，系统进入截面 1 草绘界面。

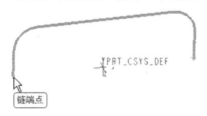

图 2.13.4　选取截面 1 位置

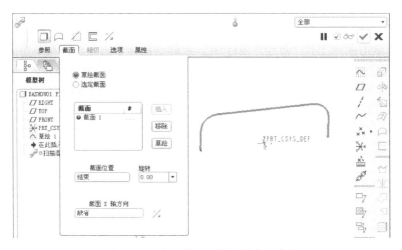

图 2.13.5　选取截面 1 位置并进入草绘

利用草绘图视工具图标 ⊘、⊢⊣ 及约束命令绘制扫描混合截面 1，如图 2.13.6 所示，单击草绘图视工具图标 ✔，退出草绘界面。

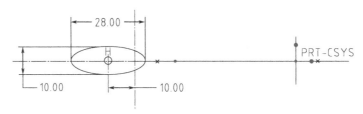

图 2.13.6　扫描混合截面 1

5. 建立把手扫描混合特征——绘制扫描混合截面 2

用鼠标单击扫描混合特征图标板上"截面"选项中的 插入 按钮，移动鼠标点选扫描混合轨迹线上一点，如图 2.13.7 所示。默认截面 2 位置及方向，再用鼠标单击扫描混合特征图标板上的 草绘 按钮，系统进入截面 2 草绘界面。利用草绘图视工具图标 ○、⊢⊣ 及约束命令绘制扫描混合截面 2，如图 2.13.8 所示，单击草绘图视工具图标 ✔，退出草绘界面。

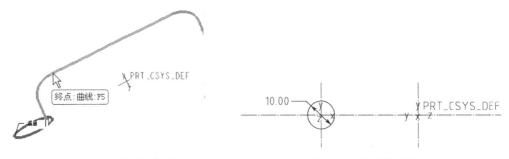

图 2.13.7　选取截面 2 位置　　　　　　图 2.13.8　扫描混合截面 2

6. 建立把手扫描混合特征——绘制扫描混合截面 3

用鼠标单击扫描混合特征图标板上"截面"选项中的 插入 按钮，移动鼠标单击图视工具图标 ×ˣ，创建截面 3 位置，如图 2.13.9 所示。

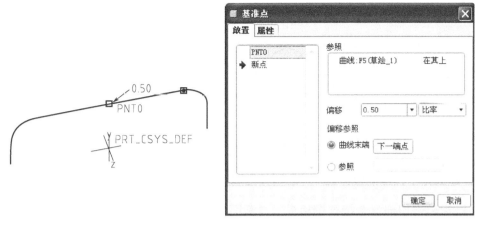

图 2.13.9　创建截面 3 位置

移动鼠标依次单击扫描混合特征图标板图标 ▶、截面，默认截面 3 位置及方向，再用鼠标单击扫描混合特征图标板上的 草绘 按钮，系统进入截面 3 草绘界面。利用草绘图视工具图标 ○、⊢⊣ 及约束命令绘制扫描混合截面 3，如图 2.13.10 所示，单击草绘图视工具图标 ✓，退出草绘界面。

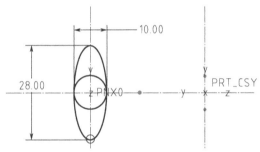

图 2.13.10　扫描混合截面 3

7. 建立把手扫描混合特征——绘制扫描混合截面 4

用鼠标单击扫描混合特征图标板上"截面"选项中的 插入 按钮，移动鼠标点选扫描混合轨迹线上一点，如图 2.13.11 所示。默认截面 4 位置及方向，再用鼠标单击扫描混合特征图标板上的 草绘 按钮，系统进入截面 4 草绘界面。利用草绘图视工具图标 ○、⊢⊣ 及约束命令绘制扫描混合截面 4，如图 2.13.12 所示，单击草绘图视工具图标 ✓，退出草绘界面。

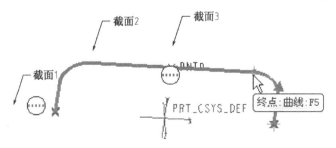

图 2.13.11　选取截面 4 位置

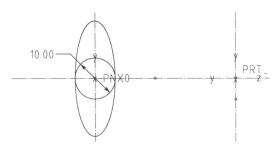

图 2.13.12　扫描混合截面 4

8. 建立把手扫描混合特征——绘制扫描混合截面 5

用鼠标单击扫描混合特征图标板上"截面"选项中的 插入 按钮，移动鼠标点选扫描混合轨迹线上一点，如图 2.13.13 所示。默认截面 5 位置及方向，再用鼠标单击扫描混合特征图标板上的 草绘 按钮，系统进入截面 5 草绘界面。利用草绘图视工具图标 ⊘、↔ 及约束命令绘制扫描混合截面 5，如图 2.13.14 所示，单击草绘图视工具图标 ✓，退出草绘界面，创建扫描混合特征如图 2.13.15 所示。单击扫描混合特征图标板图标 ✓，完成把手实体创建。

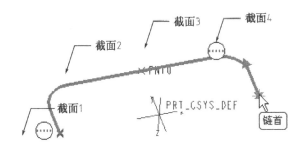

图 2.13.13　选取截面 5 位置

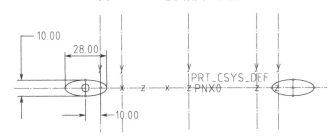

图 2.13.14　扫描混合截面 5

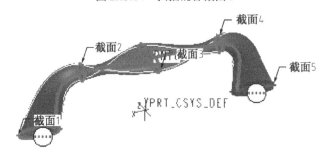

图 2.13.15　创建扫描混合特征

9. 保存文件

移动鼠标单击主功能菜单中的"文件/保存"命令，或单击图视工具图标 ，保存此零件。再移动鼠标单击主功能菜单中的"窗口/关闭"命令，关闭把手零件窗口。

 **注意**

> 在建立扫描混合特征时，扫描路径可以是开放的，也可以是封闭的，但扫描混合截面一定是封闭的。其每个截面的边数要相同，起点要在相应位置上，起点处的箭头方向要相同。

习　题

1. 建立如图2.2所示零件01～图2.16所示的15零件，试求每个零件的：
（1）P1 和 P2 之间的距离是多少？
（2）灰色面的面积是多少？
（3）模型体积是多少？（答案区间为30000～300000）

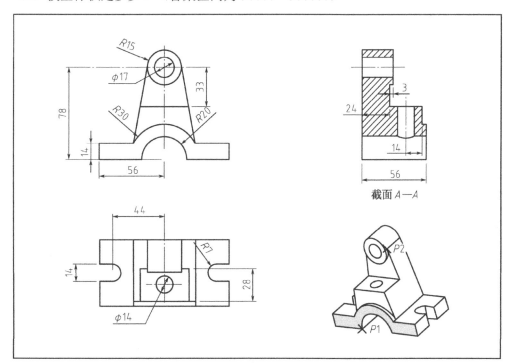

图2.2　零件01

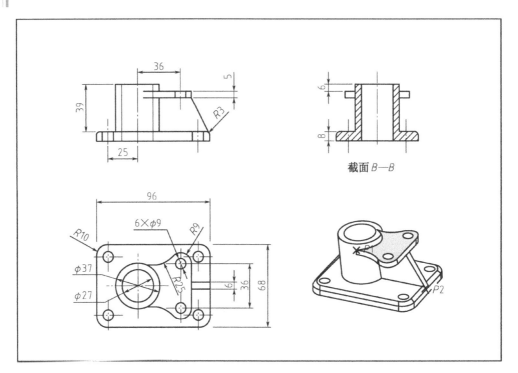

图 2.3　零件 02

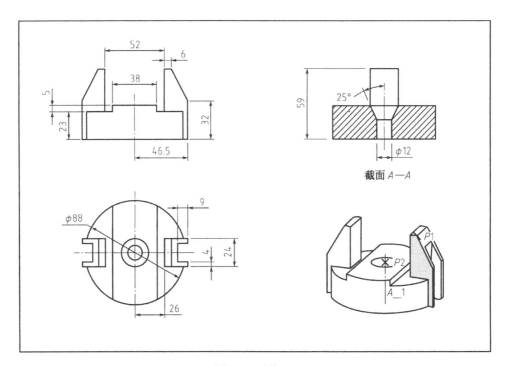

图 2.4　零件 03

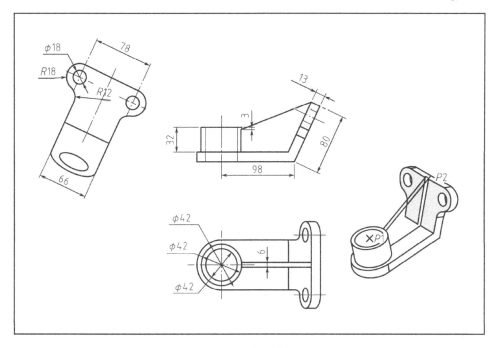

图 2.5 零件 04

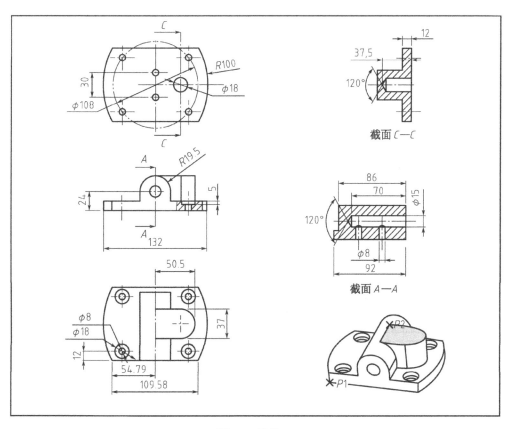

图 2.6 零件 05

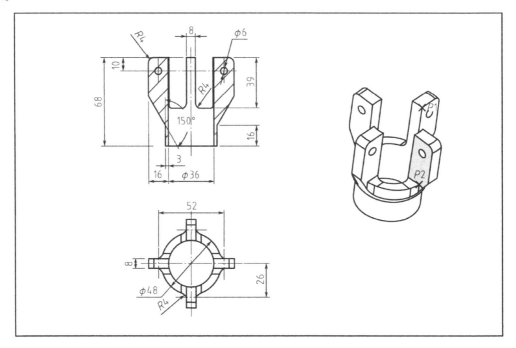

图 2.7 零件 06

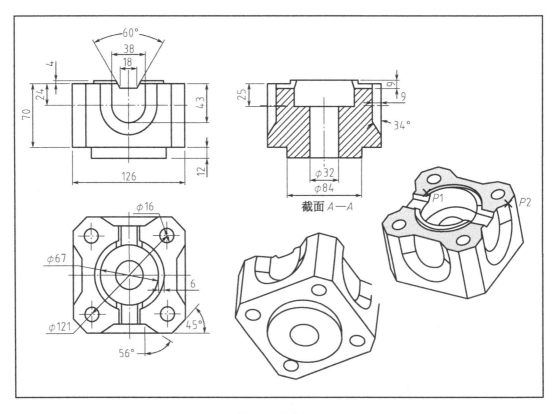

图 2.8 零件 07

第 2 章 实体特征的建立

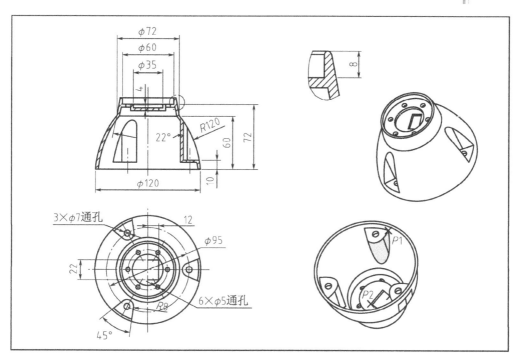

图 2.9 零件 08

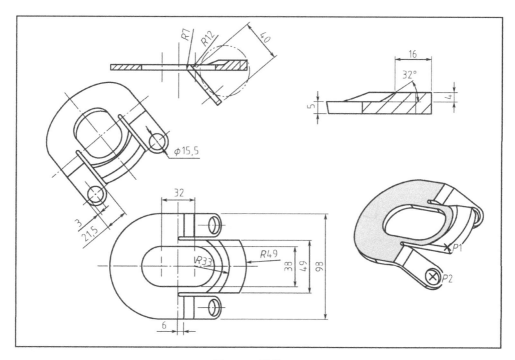

图 2.10 零件 09

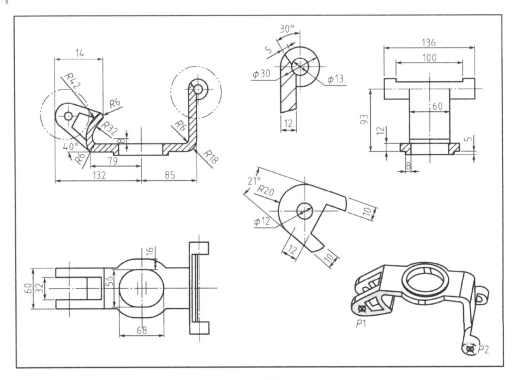

图 2.11　零件 10

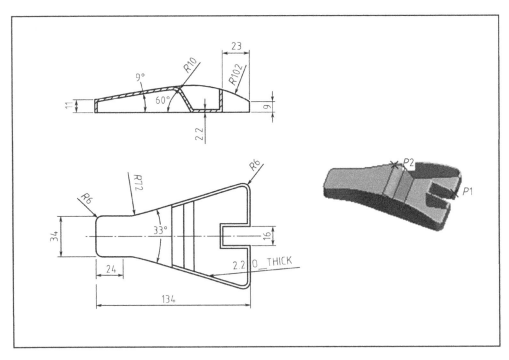

图 2.12　零件 11

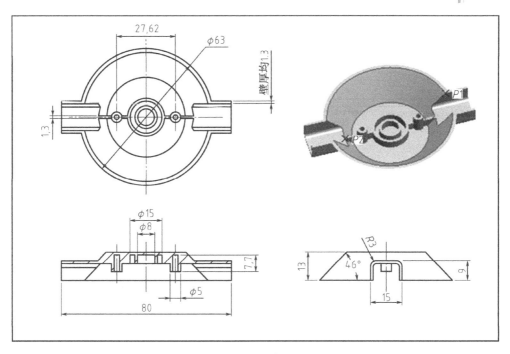

图 2.13 零件 12

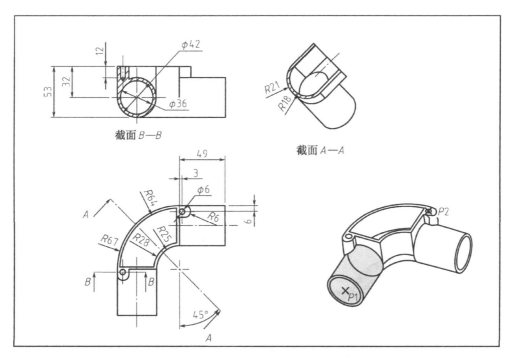

图 2.14 零件 13

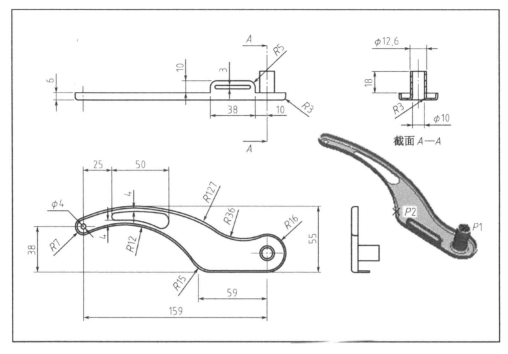

图 2.15 零件 14

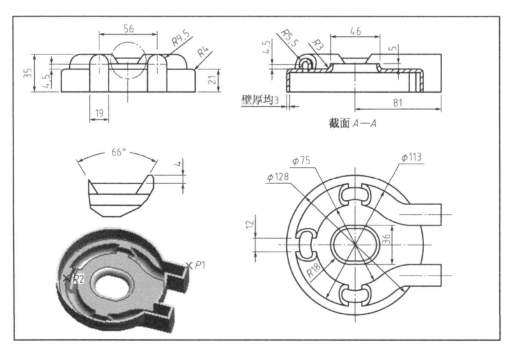

图 2.16 零件 15

2. 建立图 2.17～图 2.21 所示零件，零件均为 ABS 塑料，测量零件的质量大小。

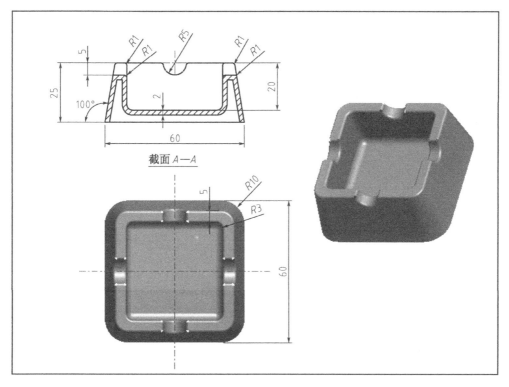

图 2.17　烟灰缸

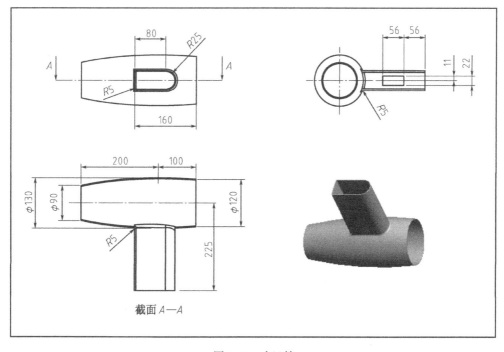

图 2.18　吹风筒

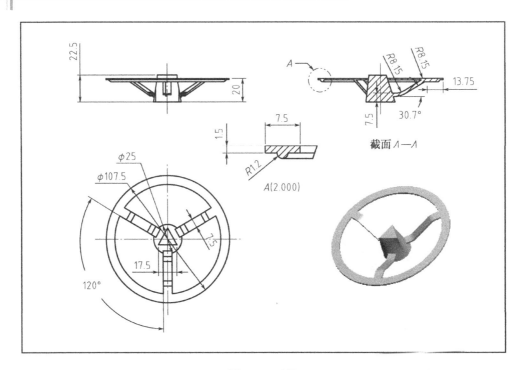

图 2.19 手轮

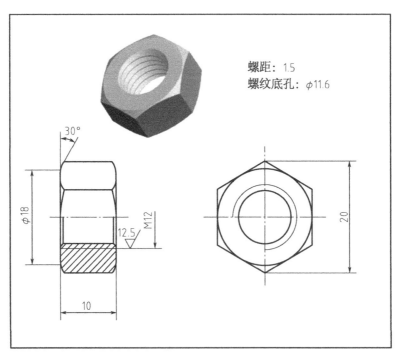

图 2.20 螺母

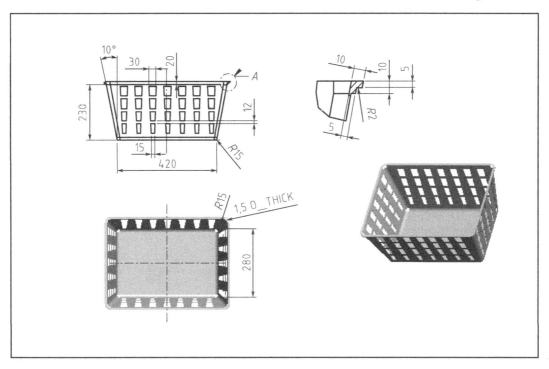

图 2.21 篮筐

第 3 章 曲面特征的建立

在设计零件图时，对于比较规则的 3D 零件，应用实体特征建模既方便又快捷。但是对于造型比较复杂的 3D 零件，应用实体特征建模就比较困难了。而曲面特征的建立，为比较复杂的 3D 零件提供了建模方式，即利用建立多个单一曲面来生成一个完整且没有间隙的曲面模型，然后再通过加厚曲面生成实体模型。

曲面特征的建立方式分为：

① 利用与建立实体特征相同的方法："拉伸"、"旋转"、"扫描"、"混合"等特征来建立曲面特征。

② 利用"编辑/填充"命令建立填充曲面。

③ 利用"编辑/偏移"命令建立一个新的偏移曲面。

④ 利用"编辑/镜像"命令建立一个新的镜像曲面。

⑤ 利用"编辑/复制"与"编辑/粘贴"、"编辑/阵列"命令复制出相同的曲面。

⑥ 利用（2D、3D）曲线建立曲面。

当建立了几个曲面特征后，可以利用"编辑/修剪"对曲面特征进行剪裁、"编辑/延伸"对曲面特征进行延伸、"编辑/合并"对曲面特征进行合并等编辑，生成一个完整且没有间隙的曲面模型。

实例 1　盖　板

建立如图 3.1.1 所示的盖板。此零件是一个壳体零件，可以用曲面特征加厚度生成。在此例中将学习扫描曲面、旋转曲面、填充曲面、曲面镜像、曲面合并及曲面加厚度的建立方法。

图 3.1.1　盖板

 参考步骤

1. 进入建立实体零件界面

进入 Creo Elements / Pro 5.0 界面环境后，移动鼠标单击图视工具"新建"图标 ，或单击主功能菜单中的"文件/新建"命令，系统将弹出"新建"对话框。在"新建"对话框的"类型"选项栏中选择"零件"，在"子类型"选项栏中选择"实体"，在"名称"文本框中输入文件名称"gaiban01",去掉"使用缺省模板"前的对号后,单击"确定"按钮。在系统弹出的"新文件选项"对话框中选择绘图单位为"mmns_part_solid"(米制),单击"确定"按钮,进入建立实体零件界面。

2. 建立扫描曲面特征,进入扫描路径草绘界面

移动鼠标单击主功能菜单中的"插入/扫描/曲面"命令,此时系统弹出"曲面:扫描"模型窗口及"扫描轨迹"菜单管理器。移动鼠标单击菜单管理器中的"草绘轨迹"命令,然后移动鼠标依次单击"设置草绘平面"菜单管理器中的"新设置"、"平面"命令及模型树中的基准平面"TOP"(草绘平面),并在系统随后弹出的"设置草绘平面"菜单管理器中单击"确定"、"缺省"命令,系统进入扫描路径草绘界面,接受系统默认的F1(RIGHT)和F3(FRONT)作为草绘参照。

3. 绘制扫描路径草图

利用草绘图视工具图标绘制扫描路径草图,如图3.1.2所示(利用主功能菜单中的"草绘/特征工具/起点"命令,或在扫描路径的起始点位置单击鼠标右键,在系统弹出的快捷菜单中单击"起点"命令,变动扫描路径的起始点位置)。单击草绘图视工具图标 ✔,退出扫描路径草绘界面。

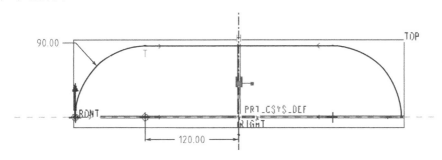

图 3.1.2 扫描路径草图

4. 进入扫描截面草绘界面,绘制扫描截面草图

移动鼠标在系统弹出的菜单管理器中单击"开放端"、"完成"命令,系统进入扫描截面草绘界面,接受系统默认的草绘参照。利用草绘图视工具图标绘制扫描截面草图,如图3.1.3所示。单击草绘图视工具图标 ✔,退出扫描截面草绘界面。

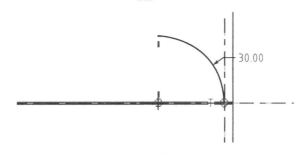

图 3.1.3 扫描截面草图

5. 预览,完成扫描曲面的建立

移动鼠标单击"曲面:扫描"模型窗口中的"预览"按钮查看建模结果,单击扫描"曲

面"模型窗口中的"确定"按钮,完成盖板扫描曲面的建立,如图 3.1.4 所示。

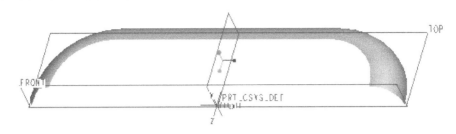

图 3.1.4　扫描曲面

6．建立旋转曲面特征,进入旋转曲面截面草绘界面

移动鼠标单击图视工具图标 ，或移动鼠标单击主功能菜单中的"插入/旋转"命令,再移动鼠标依次单击旋转体特征图标板图标 、 、 ，系统弹出"草绘"对话框。用鼠标选择基准平面"FRONT"作为草绘平面,接受系统默认的基准平面"RIGHT"作为草绘参照(右),单击"草绘"按钮,系统进入旋转曲面截面草绘界面,接受系统默认的草绘参照。

7．绘制旋转曲面截面草图,确定旋转曲面参数

利用草绘图视工具图标绘制旋转曲面截面草图,如图 3.1.5 所示。单击草绘图视工具图标 ，退出草绘界面。移动鼠标单击旋转特征图标板图标 ，在其文本框中输入旋转角度值 180,单击图标 调整旋转方向,然后单击旋转特征图标板图标 ，完成旋转曲面的建立,如图 3.1.6 所示。

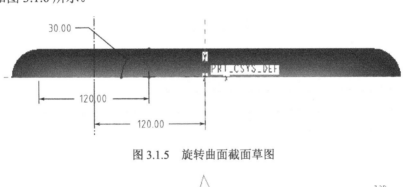

图 3.1.5　旋转曲面截面草图

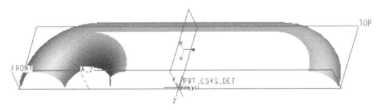

图 3.1.6　旋转曲面

8．建立镜像曲面

用鼠标点选旋转曲面后,移动鼠标单击图视工具图标 ，或移动鼠标单击主功能菜单中的"编辑/镜像"命令,再移动鼠标点选镜像基准平面"RIGHT",完成如图 3.1.7 所示的镜像曲面的建立。

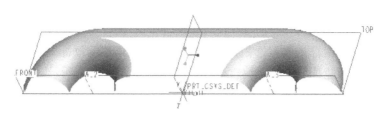

图 3.1.7 建立镜像曲面

 注意

只有选取了要镜像的曲面之后,才可以使用图视工具或主功能菜单中的"编辑/镜像"命令,建立镜像曲面。

9. 建立基准平面"DTM1"

移动鼠标单击图视工具图标,或移动鼠标单击主功能菜单中的"插入/模型基准/平面"命令,在系统弹出的"基准平面"对话框中点入如图 3.1.8 所示的点和边线,单击"确定"按钮,完成基准平面"DTM1"的建立。

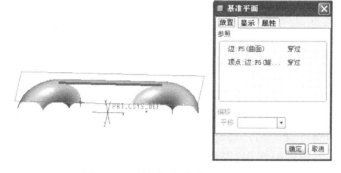

图 3.1.8 建立基准平面"DTM1"

10. 建立填充曲面特征,进入填充曲面截面草绘界面

移动鼠标单击图视工具图标,或移动鼠标单击主功能菜单中的"编辑/填充"命令,再移动鼠标依次单击填充曲面特征图标板图标 参照 、 定义... ,系统弹出"草绘"对话框。用鼠标选择基准平面"DTM1"作为草绘平面,选择基准平面"FRONT"作为草绘参照,单击"草绘"按钮,系统进入填充曲面截面草绘界面,接受系统默认的草绘参照。

11. 绘制填充曲面截面草图

利用草绘图视工具图标绘制填充曲面截面草图,如图 3.1.9 所示。单击草绘图视工具图标,退出草绘界面。移动鼠标单击填充曲面特征图标板图标,完成填充曲面的建立,如图 3.1.10 所示。

图 3.1.9 填充曲面截面草图

图 3.1.10 建立的填充曲面

12. 合并曲面

按住 Ctrl 键移动鼠标依次点选扫描曲面、旋转曲面，再移动鼠标单击图视工具图标 ，或移动鼠标单击主功能菜单中的"编辑/合并"命令，如图 3.1.11 所示，再单击合并曲面特征图标板图标 ，完成扫描曲面、旋转曲面的合并。用同样的方法对最近一次合并的曲面与其相邻的一个曲面合并，完成所有曲面的合并。

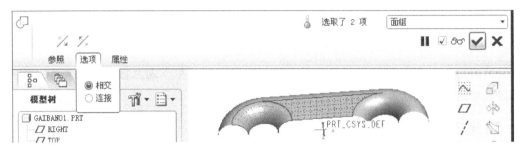

图 3.1.11 曲面合并

 注意

只有选取了要合并的曲面之后，才可以使用图视工具 或主功能菜单中的"编辑/合并"命令，完成曲面合并。合并曲面时，一次只能合并两个相邻的曲面，同时可根据曲面情况，在"合并/选项"中选取曲面的合并形式："相交"或"连接"。

13. 加厚曲面

用鼠标点选合并后的曲面，再移动鼠标单击图视工具图标 ，或移动鼠标单击主功能菜单中的"编辑/加厚"命令后，移动鼠标单击加厚曲面特征图标板图标 ，并在其文本框中输入加厚度值 2，单击图标 调整加厚度方向，然后单击加厚曲面特征图标板图标 ，完成加厚曲面的建立，如图 3.1.12 所示。

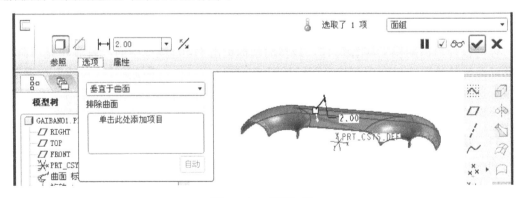

图 3.1.12 曲面加厚

 注意

只有选取了要加厚的曲面之后，才可以使用图视工具 或主功能菜单中的"编辑/加厚"命令，完成曲面加厚。

14．保存文件

移动鼠标单击主功能菜单中的"文件/保存"命令，或单击图视工具图标 💾，保存此零件。再移动鼠标单击主功能菜单中的"窗口/关闭"命令，关闭盖板零件窗口。

实例2　洗手盆

建立如图 3.2.1 所示的洗手盆。此零件是一个壳体零件，可以用曲面特征加厚度生成。在此例中将学习混合曲面、拉伸曲面、填充曲面、曲面合并及曲面加厚度的建立方法。

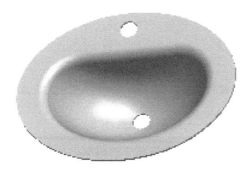

图 3.2.1　洗手盆

1．进入建立实体零件界面

进入 Creo Elements / Pro 5.0 界面环境后，移动鼠标单击图视工具"新建"图标 □，或单击主功能菜单中的"文件/新建"命令，系统将弹出"新建"对话框。在"新建"对话框的"类型"选项栏中选择"零件"，在"子类型"选项栏中选择"实体"，在"名称"文本框中输入文件名称"xishoupen01"，去掉"使用缺省模板"前的对号后，单击"确定"按钮。在系统弹出的"新文件选项"对话框中选择绘图单位为"mmns_part_solid"（米制），单击"确定"按钮，进入建立实体零件界面。

2．建立洗手盆曲面特征 1——建立混合曲面特征，进入混合曲面截面草绘界面

移动鼠标单击主功能菜单中的"插入/混合/曲面"命令，系统将弹出建立混合曲面特征的"混合选项"菜单管理器。移动鼠标依次单击该菜单管理器中的"平行"、"规则截面"、"草绘截面"、"完成"命令，系统将弹出生成混合曲面特征的"曲面"模型窗口和"属性"菜单管理器。移动鼠标依次单击该菜单管理器中的"光滑"、"完成"命令，并在系统弹出的"设置草绘平面"菜单管理器中默认"新设置"、"平面"命令，移动鼠标点选模型树中的基准平面"TOP"（草绘平面），再移动鼠标依次点选"设置草绘平面"菜单管理器中的"确定"、"缺省"命令，系统进入混合曲面特征草绘界面，接受系统默认的草绘参照。

3．建立洗手盆曲面特征 1——绘制截面草图 1

利用草绘图视工具图标 ⭕、↔ 及约束命令绘制，完成洗手盆混合曲面截面 1 的绘制，如图 3.2.2 所示。

4. 建立洗手盆曲面特征 1——绘制截面草图 2

移动鼠标单击主功能菜单中的"草绘/特征工具/切换截面"命令，或单击鼠标右键，在系统弹出的快捷菜单中单击"切换截面"命令，进入下一截面草绘界面。利用草绘图视工具图标 ⊘、┠┤ 及约束命令绘制，完成洗手盆混合曲面截面 2 的绘制，如图 3.2.3 所示。

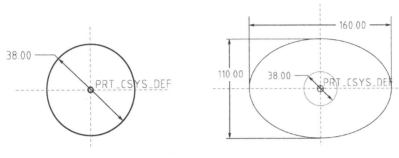

图 3.2.2　洗手盆截面草图 1　　　　图 3.2.3　洗手盆截面草图 2

5. 建立洗手盆曲面特征 1——绘制截面草图 3

重复步骤 4，完成洗手盆混合曲面截面 3 的绘制，如图 3.2.4 所示。单击草绘图视工具图标 ✔，退出草绘界面。

6. 建立洗手盆曲面特征 1——确定混合生成特征参数

此时系统弹出建立混合曲面特征"深度"菜单管理器。移动鼠标依次单击菜单管理器中的"盲孔"、"完成"命令，在信息提示区的文本框中依次输入三截面间的距离值 20、120 后单击图标 ✔，最后移动鼠标单击混合特征"曲面"模型窗口中的"确定"按钮，完成洗手盆曲面特征 1 的建立，如图 3.2.5 所示。

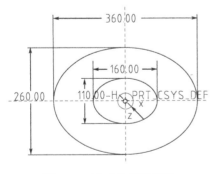 

图 3.2.4　洗手盆截面草图 3　　　　图 3.2.5　洗手盆曲面特征 1

7. 建立洗手盆曲面特征 2——建立拉伸曲面

移动鼠标单击图视工具图标，或移动鼠标单击主功能菜单中的"插入/拉伸"命令，再移动鼠标依次单击拉伸体特征图标板图标 ⌒、[放置]、[定义...]，然后选择基准平面"TOP"为草绘平面，接受系统默认的草绘参照，按图 3.2.6 所示的洗手盆拉伸截面草图向上拉伸，拉伸厚度值为 140，按图 3.2.7 所示，单击拉伸体特征图标板图标 ✔，完成洗手盆曲面特征 2 的建立。

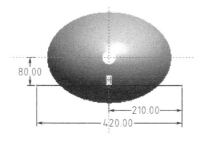
图 3.2.6　洗手盆拉伸截面草图

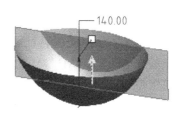
图 3.2.7　创建洗手盆曲面特征 2

8．建立洗手盆合并曲面 1

按住 Ctrl 键移动鼠标依次点选混合曲面、拉伸曲面，再移动鼠标单击图视工具图标 ⌒，或移动鼠标单击主功能菜单中的"编辑/合并"命令，如图 3.2.8 所示，单击合并曲面特征图标板图标 ⁄、⁄ 调整保留曲面方向，默认"选项"为"相交"，再单击合并曲面特征图标板图标 ✓，完成曲面的合并。

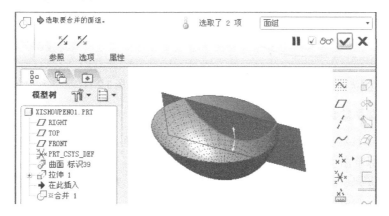
图 3.2.8　创建洗手盆合并曲面 1

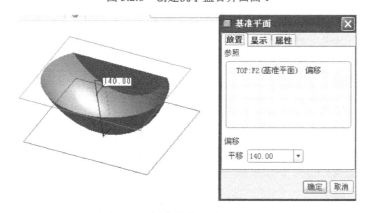
图 3.2.9　创建基准平面"DTM1"

9．建立基准平面"DTM1"

移动鼠标单击图视工具图标 ▱，或移动鼠标单击主功能菜单中的"插入/模型基准/平面"命令，在系统弹出的"基准平面"对话框中点入如图 3.2.9 所示的基准平面"TOP"，并输入偏移值 140，单击"确定"按钮，完成基准平面"DTM1"的建立。

10．建立洗手盆曲面特征 3——建立填充曲面

移动鼠标单击图视工具图标 ▢，或移动鼠标单击主功能菜单中的"编辑/填充"命令，再移动鼠标依次单击填充曲面特征图标板图标 参照 、 定义... ，系统弹出"草绘"对话框。用鼠标选择基准平面"DTM1"作为草绘平面，选择基准平面"FRONT"作为草绘参照，单击"草绘"按钮，系统进入填充曲面截面草绘界面，接受系统默认的草绘参照。利用草绘图视工具图标绘制填充曲面截面草图，如图 3.2.10 所示。单击草绘图视工具图标 ✓，退出草绘界面。移动鼠标单击填充曲面特征图标板图标 ✓，完成洗手盆曲面特征 3 的建立，如图 3.2.11 所示。

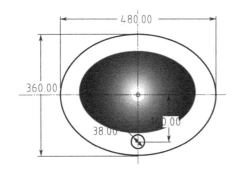

图 3.2.10　洗手盆填充曲面截面草图　　　图 3.2.11　洗手盆曲面特征 3

11．建立洗手盆合并曲面 2

按住 Ctrl 键移动鼠标依次点选合并曲面 1、填充曲面，再移动鼠标单击图视工具图标 ⌓，或移动鼠标单击主功能菜单中的"编辑/合并"命令，如图 3.2.12 所示，单击合并曲面特征图标板图标 ⚋、⚌ 调整保留曲面方向，默认"选项"为"相交"，再单击合并曲面特征图标板图标 ✓，完成曲面的合并。

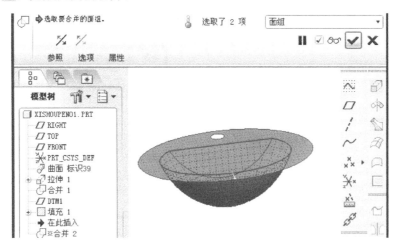

图 3.2.12　创建洗手盆合并曲面 2

12．建立圆角特征

利用图视工具图标 ⌓，或移动鼠标单击主功能菜单中的"插入/圆角"命令，分别建立如图 3.2.13（a）和图 3.2.13（b）所示的半径为 70 和半径为 20 的圆角特征。

(a)　　　　　　　　　　　　　　(b)

图 3.2.13　创建圆角特征

13．加厚曲面

用鼠标点选合并曲面 2，再移动鼠标单击图视工具图标 ▢，或移动鼠标单击主功能菜单中的"编辑/加厚"命令后，移动鼠标单击加厚曲面特征图标板图标 ▢，并在其文本框中输入加厚度值 5，单击图标 ％ 调整加厚度方向，如图 3.2.14 所示，然后单击加厚曲面特征图标板图标 ✔，完成洗手盆的建立。

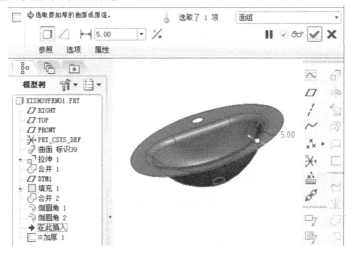

图 3.2.14　创建圆角特征

14．保存文件

移动鼠标单击主功能菜单中的"文件/保存"命令，或单击图视工具图标 ▢，保存此零件。再移动鼠标单击主功能菜单中的"窗口/关闭"命令，关闭洗手盆零件窗口。

实例 3　回形针

建立如图 3.3.1 所示的回形针。此零件是一个圆截面沿 3D 曲线移动形成的实体零件，可以用扫描曲面特征实体化生成。在此例中将学习扫描曲面及曲面实体化的建立方法。

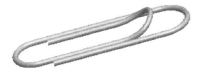

图 3.3.1　回形针

参考步骤

1. 进入建立实体零件界面

   进入 Creo Elements / Pro 5.0 界面环境后,移动鼠标单击图视工具"新建"图标 ,或单击主功能菜单中的"文件/新建"命令,系统将弹出"新建"对话框。在"新建"对话框的"类型"选项栏中选择"零件",在"子类型"选项栏中选择"实体",在"名称"文本框中输入文件名称"huixingzhen01",去掉"使用缺省模板"前的对号后,单击"确定"按钮。在系统弹出的"新文件选项"对话框中选择绘图单位为"mmns_part_solid"(米制),单击"确定"按钮,进入建立实体零件界面。

2. 建立 3D 曲线——绘制曲线 1

   移动鼠标单击图视工具图标 ,或移动鼠标单击主功能菜单中的"插入/模型基准/草绘"命令,选择基准平面(FRONT)为草绘平面,默认基准平面"RIGHT"作为草绘参考面(右),单击"草绘"按钮,系统进入草绘界面,接受系统默认的草绘参照。绘制如图 3.3.2 所示的草图 1。单击草绘图视工具图标 ,退出草绘界面,完成曲线 1 的绘制。

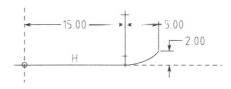

图 3.3.2 草图 1

3. 建立 3D 曲线——绘制曲线 2

   移动鼠标单击图视工具图标 ,或移动鼠标单击主功能菜单中的"插入/模型基准/草绘"命令,选择基准平面(TOP)为草绘平面,默认基准平面"RIGHT"作为草绘参考面(右),单击"草绘"按钮,系统进入草绘界面,接受系统默认的草绘参照。绘制如图 3.3.3 所示的草图 2。单击草绘图视工具图标 ,退出草绘界面,完成曲线 2 的绘制。

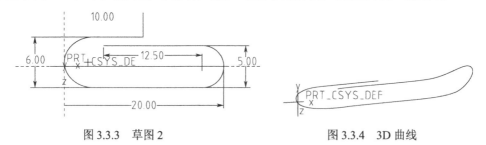

图 3.3.3 草图 2　　　　　　　　图 3.3.4 3D 曲线

4. 建立 3D 曲线——合并曲线 1 与曲线 2

   按住 Ctrl 键单击曲线 1 与曲线 2,移动鼠标单击图视工具图标 ,或移动鼠标单击主功能菜单中的"编辑/相交"命令,完成 3D 曲线的建立,如图 3.3.4 所示。

 注意

3D 曲线可以通过"编辑/相交"命令合并其在各平面上的投影曲线得到。

5. 建立曲面特征 1——建立扫描曲面特征，选取扫描轨迹

移动鼠标单击主功能菜单中的"插入/扫描/曲面"命令，系统将弹出建立扫描特征"曲面：扫描"模型窗口与"扫描轨迹"菜单管理器，如图 3.3.5 所示。单击该菜单管理器中的"选取轨迹"命令，在随后弹出的"链"菜单管理器中单击"曲线链"命令，移动鼠标单击 3D 曲线并在随后弹出的"链选项"菜单管理器中单击"全选"命令，确定起点位置后依次单击"属性"菜单管理器中的"封闭端"、"完成"命令，进入扫描截面草绘界面。

6. 建立曲面特征 1——绘制扫描截面

接受系统默认的草绘参照，绘制如图 3.3.6 所示的草图 3。单击草绘图视工具图标 ✓，退出草绘界面，完成扫描截面的绘制。

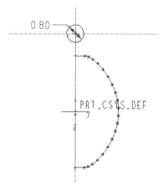

图 3.3.5　创建扫描曲面特征的模型窗口与菜单管理器　　图 3.3.6　草图 3

7. 预览，完成曲面特征 1 的建立

单击扫描曲面特征"曲面：扫描"模型窗口中的"预览"按钮，显示出建立的扫描体曲面特征后，再单击该模型窗口中的"确定"按钮，完成曲面特征 1 的建立，如图 3.3.7 所示。

图 3.3.7　曲面特征 1

8. 建立曲面特征 2——建立扫描曲面特征，进入建立扫描路径草绘界面

移动鼠标单击主功能菜单中的"插入/扫描/曲面"命令，系统将弹出建立扫描曲面特征的模型窗口与菜单管理器。单击"扫描轨迹"菜单管理器中的"草绘轨迹"，在随后弹出的"设置草绘平面"菜单管理器中单击"平面"，移动鼠标点选基准平面"TOP"为草绘平面，再依次单击该菜单管理器中的"确定"、"缺省"命令，系统进入草绘界面，接受系统默认的草绘参照。

9. 建立曲面特征 2——绘制扫描路径

依次利用草绘图视工具图标 ＼、＼、⊢⊣ 及约束关系命令绘制草图，利用主功能菜单

中的"草绘/特征工具/起点"命令,或选择扫描路径的起点后单击鼠标右键,并在系统弹出的快捷菜单中单击"起点"命令,变动扫描路径的起始点位置,如图 3.3.8 所示,完成草图 4 的绘制。单击草绘图视工具图标 ✓,退出扫描路径的草绘界面。

10. 建立曲面特征 2——绘制扫描截面

用鼠标在系统弹出的菜单管理器中单击"封闭端"、"完成",利用草绘图视工具图标 □,绘制如图 3.3.9 所示的草图 5。单击草绘图视工具图标 ✓,退出草绘界面,完成扫描截面的绘制。

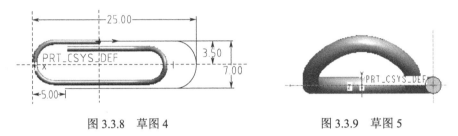

图 3.3.8　草图 4　　　　　　　图 3.3.9　草图 5

11. 预览,完成曲面特征 2 的建立

单击扫描曲面特征"曲面"模型窗口中的"预览"按钮,显示出建立的扫描体曲面特征后,单击该模型窗口中的"确定"按钮,完成曲面特征 2 的建立,如图 3.3.10 所示。

图 3.3.10　曲面特征 2

12. 曲面合并——将曲面特征 1 与曲面特征 2 合并为一个封闭曲面

按住 Ctrl 键移动鼠标依次点选合并曲面特征 1、曲面特征 2,再移动鼠标单击图视工具图标 ⌒,或移动鼠标单击主功能菜单中的"编辑/合并"命令,单击合并曲面特征图标板图标 ⅍、⅍ 调整保留曲面方向,默认"选项"为"相交",再单击合并曲面特征图标板图标 ✓,完成曲面的合并。

13. 曲面特征实体化

单击合并的曲面特征,移动鼠标单击主功能菜单中的"编辑/实体化"命令,再移动鼠标依次单击实体化特征图标板图标 □、✓,完成曲面特征实体化。

14. 保存文件

移动鼠标单击主功能菜单中的"文件/保存"命令,或单击图视工具图标 💾,保存此零件。再移动鼠标单击主功能菜单中的"窗口/关闭"命令,关闭回形针零件窗口。

实例 4 勺 子

建立如图 3.4.1 所示的勺子。此零件是一个壳体零件,可以用曲面特征加厚度生成。在此例中将学习扫描曲面、拉伸曲面、边界混合曲面、曲面缝合、曲面裁剪及曲面加厚度的建立方法。

图 3.4.1 勺子

 参考步骤

1. 进入建立实体零件界面

进入 Creo Elements / Pro 5.0 界面环境后,移动鼠标单击图视工具"新建"图标 ,或单击主功能菜单中的"文件/新建"命令,系统将弹出"新建"对话框。在"新建"对话框的"类型"选项栏中选择"零件",在"子类型"选项栏中选择"实体",在"名称"文本框中输入文件名称"shaozi01",去掉"使用缺省模板"前的对号后,单击"确定"按钮。在系统弹出的"新文件选项"对话框中选择绘图单位为"mmns_part_solid"(米制),单击"确定"按钮,进入建立实体零件界面。

2. 建立拉伸曲面特征

移动鼠标单击图视工具图标 ,或移动鼠标单击主功能菜单中的"插入/拉伸"命令,再移动鼠标依次单击拉伸曲面特征图标板图标 、 、 ,然后选择基准平面"FRONT"为草绘平面,接受系统默认的草绘参照,绘制图 3.4.2 所示的拉伸曲面截面的草图,单击草绘图视工具图标 ,退出草绘界面。移动鼠标单击拉伸曲面特征图标板图标 ,在其文本框中输入拉伸值 80,然后单击拉伸曲面特征图标板图标 ,完成勺子拉伸曲面的建立,如图 3.4.3 所示。

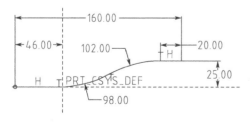
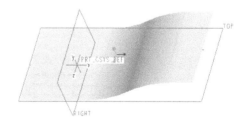

图 3.4.2 拉伸曲面截面草图　　　　图 3.4.3 勺子的拉伸曲面

3. 建立基准平面"DTM1"

移动鼠标单击图视工具图标 ,或移动鼠标单击主功能菜单中的"插入/模型基准/平面"命令,在系统弹出的"基准平面"对话框中点选基准平面"TOP"及向上偏移距离 50mm,单击"确定"按钮,完成基准平面"DTM1"的建立。

4. 建立边界混合曲面——利用投影曲线，建立路径曲线 1、路径曲线 3

移动鼠标单击图视工具图标 ∽，或移动鼠标单击主功能菜单中的"插入/模型基准/草绘"命令，选择草绘平面（DTM1），绘制如图 3.4.4 所示的投影曲线 1 草图。单击草绘图视工具图标 ✓，退出草绘界面。

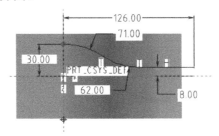

图 3.4.4　投影曲线 1 草图

移动鼠标依次点选要投影曲线 1 草图及主功能菜单中的"编辑/投影"命令，移动鼠标依次在投影曲线特征图标板的 曲面 [1个项目] 中点入投影曲面（拉伸曲面），调整投影方向，然后单击投影曲线特征图标板图标 ✓，完成勺子投影曲线 1（路径曲线 1）的建立，如图 3.4.5 所示。利用镜像命令，完成路径曲线 3 的建立，如图 3.4.6 所示。

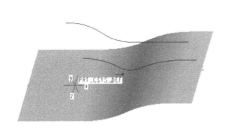 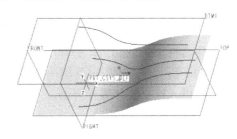

图 3.4.5　建立投影曲线 1（路径曲线 1）　　　　图 3.4.6　建立路径曲线 3

5. 建立边界混合曲面——绘制路径曲线 2

移动鼠标单击图视工具图标 ∽，或移动鼠标单击主功能菜单中的"插入/模型基准/草绘"命令，选择基准平面（FRONT）为草绘平面，绘制如图 3.4.7 所示的路径曲线 2。单击草绘图视工具图标 ✓，退出草绘界面。

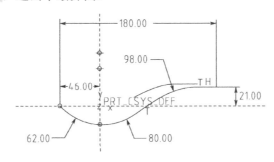

图 3.4.7　路径曲线 2

6. 建立边界混合曲面——建立基准平面"DTM2"、"DTM3"、"DTM4"

用鼠标右键单击拉伸曲面，在弹出的菜单中单击"隐藏"命令。移动鼠标单击图视工具图标 ⟋，或移动鼠标单击主功能菜单中的"插入/模型基准/平面"命令，在系统弹出的

"基准平面"对话框中分别点入基准平面"RIGHT"与投影曲线 1 上的点"A"、点"B"、点"C"、点"D",单击"OK"按钮,分别完成基准平面"DTM2"、"DTM3"、"DTM4"的建立,如图 3.4.8 所示。

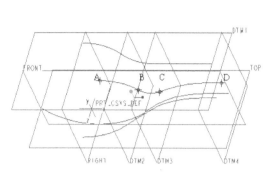
图 3.4.8　建立三个基准平面

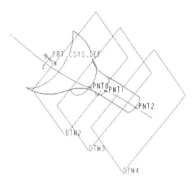
图 3.4.9　建立四条截面曲线

7. 建立边界混合曲面——建立四条截面曲线

移动鼠标单击图视工具图标,分别建立路径曲线 2 与基准平面"DTM2"、"DTM3"、"DTM4"的交点"PNT0"、"PNT1"、"PNT2"。再分别在基准平面"RIGHT"、"DTM2"、"DTM3"、"DTM4"上草绘,建立四条基准曲线作为四条截面曲线。每个截面上绘制的圆弧分别与三条路径曲线相交,如图 3.4.9 所示。

> **注意**
>
> 在绘制截面曲线时,可以借助主功能菜单中的"插入/模型基准/平面"命令,设置每个草绘平面上三条路径与其交点为参照,绘制圆弧与三条路径曲线相交。

8. 建立边界混合曲面

移动鼠标单击主功能菜单中的"插入/边界混合"命令,或移动鼠标单击图视工具图标,此时系统弹出边界混合曲面特征图标板。单击特征图标板上的图标后的文本框内,再按住 Ctrl 键依次点入四条截面曲线;单击特征图标板上的图标后的文本框内,再按住 Ctrl 键依次点入三条路径曲线,如图 3.4.10 所示,然后单击边界混合曲面特征图标板图标,完成勺子边界混合曲面的建立。

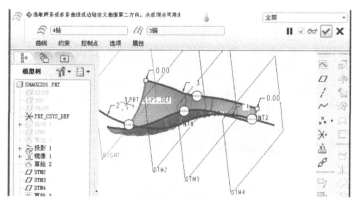
图 3.4.10　建立边界混合曲面

9. 建立扫描曲面

移动鼠标单击主功能菜单中的"插入/扫描/曲面"命令，此时系统弹出扫描曲面特征的模型窗口及菜单管理器。移动鼠标依次单击菜单管理器中的"草绘轨迹"、"新设置"、"平面"命令，然后移动鼠标点选基准平面"FRONT"作为草绘平面，利用草绘图视工具图标 ▫ 及路径曲线 2 完成扫描路径的绘制，如图 3.4.11 所示。单击草绘图视工具图标 ✓，并在随后弹出的"属性"菜单管理器中单击"开放端"、"完成"命令，进入扫描截面草绘界面。利用草绘图视工具图标 ▫ 及过 A 点的截面曲线完成扫描截面的绘制，如图 3.4.12 所示。单击草绘图视工具图标 ✓，再单击扫描曲面模型窗口中的"确定"按钮，完成勺子扫描曲面的建立，如图 3.4.13 所示。

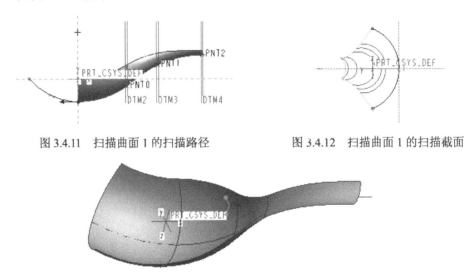

图 3.4.11　扫描曲面 1 的扫描路径　　　　图 3.4.12　扫描曲面 1 的扫描截面

图 3.4.13　建立扫描曲面

10. 建立延伸曲面

单击边界混合曲面过 D 点处的边界，再单击主功能菜单中的"编辑/延伸"命令，或移动鼠标单击图视工具图标 ▫，此时系统弹出延伸曲面特征图标板。如图 3.4.14 所示，单击合并曲面特征图标板图标 ▫ 并在文本框中输入延伸长度 20，单击图标 ✓，完成延伸曲面的建立。

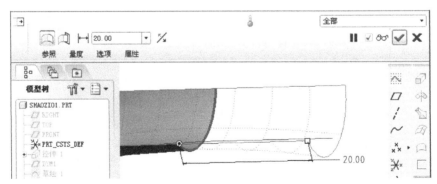

图 3.4.14　建立延伸曲面

11．建立合并曲面特征

按住 Ctrl 键移动鼠标点选扫描曲面、边界混合曲面，再单击主功能菜单中的"编辑/合并"命令，或移动鼠标单击图视工具图标 ，此时系统弹出合并曲面特征图标板。单击合并曲面特征图标板图标 ，完成合并曲面的建立。

12．建立修剪曲面

将拉伸曲面取消隐藏。移动鼠标点选合并曲面，再移动鼠标单击主功能菜单中的"编辑/修剪"命令，或移动鼠标单击图视工具图标 ，此时系统弹出修剪曲面特征图标板。如图 3.4.15 所示，在修剪曲面特征图标板中的"修剪的面组"文本框内点选勺子的合并曲面，在"修剪对象"的文本框内点选勺子的拉伸曲面，在"选项"中不点选"保留修剪曲面"，调整裁剪方向后单击裁剪曲面特征图标板图标 ，完成裁剪曲面的建立，如图 3.4.16 所示。

图 3.4.15　建立裁剪曲面

图 3.4.16　裁剪曲面

13．曲面加厚度

点选勺子的修剪曲面，移动鼠标单击主功能菜单中的"编辑/加厚"命令，或移动鼠标单击图视工具图标 ，此时系统弹出加厚曲面特征图标板。在加厚曲面特征图标板中输入加厚的厚度值 1.50，调整加厚方向向内，再单击图标 ，完成曲面加厚的建立，如图 3.4.17 所示。

图 3.4.17　曲面加厚度

14．建立圆角特征

移动鼠标单击主功能菜单中的"插入/圆角"命令，或移动鼠标单击图视工具图标 ，此时系统弹出圆角特征图标板。在圆角特征图标板中输入圆角值 8，再用鼠标点选要建立圆角特征的边界，如图 3.4.18 所示，单击图标 ✓，完成圆角特征的建立。

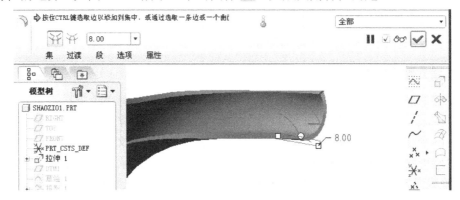

图 3.4.18　建立圆角特征

15．保存文件

移动鼠标单击主功能菜单中的"文件/保存"命令，或单击图视工具图标 🖫，保存此零件。再移动鼠标单击主功能菜单中的"窗口/关闭"命令，关闭勺子零件窗口。

实例 5　鼠标上盖

建立如图 3.5.1 所示的鼠标上盖。此零件是一个壳体零件，可以用曲面特征加厚度生成。在此例中将学习拉伸曲面、扫描曲面、曲面圆角、曲面裁剪及曲面加厚度的建立方法。

图 3.5.1　鼠标上盖

参考步骤

1．进入建立实体零件界面

进入 Creo Elements / Pro 5.0 界面环境后，移动鼠标单击图视工具"新建"图标 🗋，或单击主功能菜单中的"文件/新建"命令，系统将弹出"新建"对话框。在"新建"对话框的"类型"选项栏中选择"零件"，在"子类型"选项栏中选择"实体"，在"名称"文本框中输入文件名称"SBsg01"，去掉"使用缺省模板"前的对号后，单击"确定"按钮。在系统弹出的"新文件选项"对话框中选择绘图单位为"mmns_part_solid"（米制），单击"确定"按钮，进入建立实体零件界面。

2．建立拉伸曲面特征

移动鼠标单击图视工具图标 🗗，或移动鼠标单击主功能菜单中的"插入/拉伸"命令，再移动鼠标依次单击拉伸体特征图标板图标 ◯、放置、定义…，然后选择基准平面"TOP"为草绘平面，接受系统默认的草绘参照，绘制图 3.5.2 所示的鼠标拉伸曲面截面的草图 1，单击草绘图视工具图标 ✓，退出草绘界面。移动鼠标单击拉伸曲面特征图标板图标 ⊥，在其文本框中输入拉伸值 50 后，单击拉伸曲面特征图标板图标 ✓，完成勺子拉伸曲面的建立，如图 3.5.3 所示。

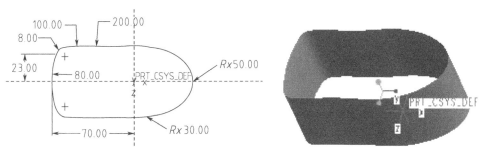

图 3.5.2　鼠标截面草图 1　　　　图 3.5.3　鼠标拉伸曲面

3. 建立扫描曲面特征

移动鼠标单击主功能菜单中的"插入/扫描/曲面"命令，系统将弹出建立扫描曲面特征的模型窗口与菜单管理器。单击菜单管理器中的"草绘轨迹"，在随后弹出的菜单管理器中单击"平面"命令，移动鼠标点选基准平面"FRONT"为草绘平面，再依次单击菜单管理器中的"确定"、"缺省"命令，系统进入草绘界面，接受系统默认的草绘参照。

绘制如图 3.5.4 所示的扫描路径曲线。单击草绘图视工具图标 ✓，在随后弹出的菜单管理器中单击"开放端"、"完成"命令，进入扫描截面草绘界面。完成如图 3.5.5 所示的扫描截面曲线的绘制后，单击草绘图视工具图标 ✓。单击扫描曲面模型窗口中的"确定"按钮，完成鼠标扫描曲面的建立，如图 3.5.6 所示。

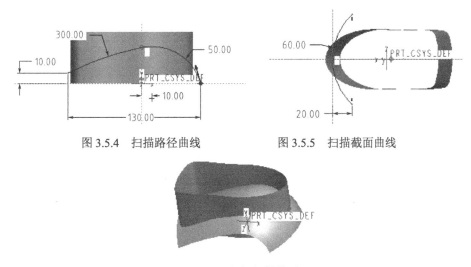

图 3.5.4　扫描路径曲线　　　　图 3.5.5　扫描截面曲线

图 3.5.6　鼠标扫描曲面

4. 建立合并曲面

按住 Ctrl 键点选拉伸曲面、扫描曲面，移动鼠标单击主功能菜单中的"编辑/合并"命令，或移动鼠标单击图视工具图标 ，此时系统弹出合并曲面特征图标板。调整方向后，单击合并曲面特征图标板图标 ，完成合并曲面的建立，如图3.5.7所示。

图 3.5.7　鼠标合并曲面

5. 建立变半径圆角特征

移动鼠标单击主功能菜单中的"插入/圆角"命令，或移动鼠标单击图视工具图标 ，此时系统弹出圆角特征图标板。如图3.5.8所示，移动鼠标依次点选鼠标曲面上的边线及圆角特征图标板上的"集"，并移动鼠标到"半径"设置中单击鼠标右键，添加所选曲线上半径控制点。用"位置"值修改控制点的位置，并在相应点上输入半径值。单击圆角特征图标板图标 ，完成鼠标变半径圆角特征的建立。

 注意

在建立变半径圆角时，在"半径"设置中单击鼠标右键，添加一所选曲线上半径控制点，此时所添加的点在曲线的任意一位置。用鼠标左键拖动此点处的"黑圆点"，将所添加的点拖动到要添加的大致位置后，再修改此点的位置值。

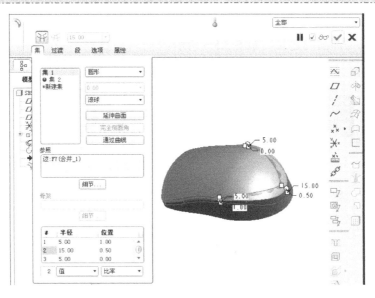

图 3.5.8　鼠标变半径圆角特征的建立

6. 曲面拉伸切除特征的建立

移动鼠标单击图视工具图标 ，或移动鼠标单击主功能菜单中的"插入/拉伸"命令，再移动鼠标依次单击拉伸曲面特征图标板图标 、 、 放置 、 定义... ，然后选择基准平面"FRONT"为草绘平面，接受系统默认的草绘参照，绘制如图3.5.9所示的鼠标拉伸曲面截面的草图 2，单击草绘图视工具图标 ✓，退出草绘界面。移动鼠标单击拉伸曲面特征图标板图标 ☐，在其文本框中输入拉伸值 80，在"面组"中点入要切除的曲面，调整切除方向，单击拉伸曲面特征图标板图标 ✓，完成鼠标曲面拉伸切除 1 的建立，如图 3.5.10 所示。用同样的方法，选择草绘平面（TOP），绘制如图 3.5.11 所示的鼠标截面草图 3，完成如图 3.5.12 所示的鼠标曲面拉伸切除 2 的建立。

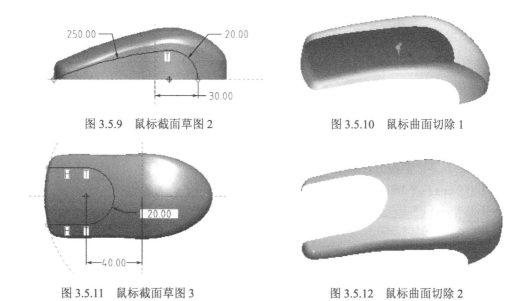

图 3.5.9　鼠标截面草图 2　　　　　　图 3.5.10　鼠标曲面切除 1

图 3.5.11　鼠标截面草图 3　　　　　　图 3.5.12　鼠标曲面切除 2

7. 曲面加厚度

点选鼠标曲面，移动鼠标单击主功能菜单中的"编辑/加厚"命令，或移动鼠标单击图视工具图标 ☐，此时系统弹出加厚曲面特征图标板。在加厚曲面特征图标板中输入加厚的厚度值 2 后，单击图标 ✓，完成曲面加厚的建立。

8. 保存文件

移动鼠标单击主功能菜单中的"文件/保存"命令，或单击图视工具图标 ☐，保存此零件。再移动鼠标单击主功能菜单中的"窗口/关闭"命令，关闭鼠标上盖零件窗口。

实例 6　灯　罩

建立如图 3.6.1 所示的灯罩。此零件是一个壳体零件，可以用曲面特征加厚度生成。在此例中将学习建立基准曲线、边界混合曲面及曲面加厚度的建立方法。

图 3.6.1　灯罩

1. 进入建立实体零件界面

进入 Creo Elements / Pro 5.0 界面环境后,移动鼠标单击图视工具"新建"图标 ,或单击主功能菜单中的"文件/新建"命令,系统将弹出"新建"对话框。在"新建"对话框的"类型"选项栏中选择"零件",在"子类型"选项栏中选择"实体",在"名称"文本框中输入文件名称"dengzhao01",去掉"使用缺省模板"前的对号后,单击"确定"按钮。在系统弹出的"新文件选项"对话框中选择绘图单位为"mmns_part_solid"(米制),单击"确定"按钮,进入建立实体零件界面。

2. 建立边界曲面的截面曲线 1——建立基准曲线

用鼠标单击图视工具图标～,系统弹出"曲线选项"菜单管理器,如图 3.6.2(a)所示。依次单击菜单管理器中的"从方程"、"完成"命令,系统弹出建立基准曲线特征的模型窗口与菜单管理器,如图 3.6.2(b)所示。移动鼠标单击绘图区的坐标系,并在随后弹出的菜单管理器中单击"笛卡尔",如图 3.6.2(c)所示。如图 3.6.3 所示,在系统弹出如图"rel.ptd-记事本"中输入基准曲线方程如下:

x = 100 * cos (t * 360)
y = 100 * sin (t * 360)
z = 20* cos (10*t * 360)

保存并关闭记事本。单击基准曲线特征的模型窗口"确定"按钮,完成基准曲线 1 的建立,如图 3.6.4 所示。

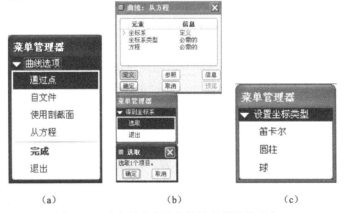

图 3.6.2 建立基准曲线菜单管理器及模型窗口

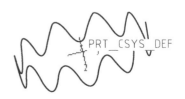

图 3.6.3 建立基准曲线方程式输入窗口　　　图 3.6.4 建立的基准曲线

3. 建立基准平面"DTM1"

移动鼠标单击图视工具图标 ⌷，或移动鼠标单击主功能菜单中的"插入/模型基准/平面"命令，在系统弹出的"基准平面"对话框中点选基准平面"FRONT"及向上偏移距离120mm，单击"确定"按钮，完成基准平面"DTM1"的建立。

4. 建立边界曲面的截面曲线 2——建立草绘曲线

移动鼠标单击图视工具图标 ，或移动鼠标单击主功能菜单中的"插入/模型基准/草绘"命令，选择草绘平面（DTM1），绘制如图 3.6.5 所示的截面曲线 2 草图。单击草绘图视工具图标 ✓，退出草绘界面。

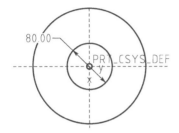
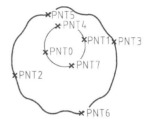

图 3.6.5　建立的截面曲线 2　　　　图 3.6.6　建立 8 个基准点

5. 建立边界曲面的路径曲线 1——建立草绘曲线

移动鼠标单击图视工具图标 ，分别建立截面曲线 1、截面曲线 2 与基准平面"RIGHT"、"TOP"的 8 个交点"PNT0"至"PNT8"，如图 3.6.6 所示。

移动鼠标单击图视工具图标 ，或移动鼠标单击主功能菜单中的"插入/模型基准/草绘"命令，选择草绘平面（TOP），绘制如图 3.6.7 所示的路径曲线 1 草图。单击草绘图视工具图标 ✓，退出草绘界面。

6. 建立边界混合曲面

移动鼠标单击主功能菜单中的"插入/边界混合"命令，或移动鼠标单击图视工具图标 ，此时系统弹出边界混合曲面特征图标板。单击特征图标板上的图标 后的文本框内，再按住 Ctrl 键依次点入 2 条截面曲线；单击特征图标板上的图标 后的文本框内，再按住 Ctrl 键依次点入 4 条路径曲线，如图 3.6.8 所示，然后单击边界混合曲面特征图标板图标 ✓，完成灯罩边界混合曲面的建立，如图 3.6.9 所示。

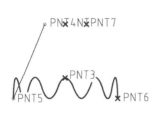
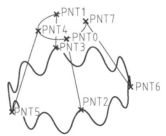

图 3.6.7　建立的路径曲线 1　　　　图 3.6.8　建立的 4 条路径曲线

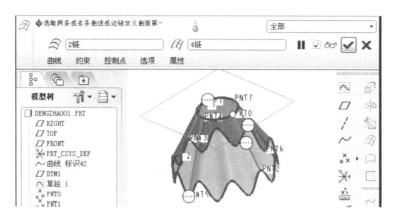

图 3.6.9　建立的边界混合曲面

7. 曲面加厚度

点选灯罩曲面，移动鼠标单击主功能菜单中的"编辑/加厚"命令，或移动鼠标单击图视工具图标 ，此时系统弹出加厚曲面特征图标板。在加厚曲面特征图标板中输入加厚的厚度值 2 后，单击图标 ，完成曲面加厚的建立。

8. 保存文件

移动鼠标单击主功能菜单中的"文件/保存"命令，或单击图视工具图标 ，保存此零件。再移动鼠标单击主功能菜单中的"窗口/关闭"命令，关闭灯罩零件窗口。

实例 7　机油瓶体

建立如图 3.7.1 所示的机油瓶体。此零件是一个变截面壳体零件，可以用可变截面扫描曲面、拉伸曲面、曲面合并、曲面实体化、抽壳等特征来生成。在此例中将学习可变截面扫描曲面的建立方法。

图 3.7.1　机油瓶体

参考步骤

1. 进入建立实体零件界面

进入 Creo Elements / Pro 5.0 界面环境后，移动鼠标单击图视工具"新建"图标 ，或单击主功能菜单中的"文件/新建"命令，系统将弹出"新建"对话框。在"新建"对话框的"类型"选项栏中选择"零件"，在"子类型"选项栏中选择"实体"，在"名称"文本框中输入文件名称"jypingti01",去掉"使用缺省模板"前的对号后,单击"确定"按钮。在系统弹出的"新文件选项"对话框中选择绘图单位为"mmns_part_solid"(米制),单击"确定"按钮,进入建立实体零件界面。

2. 建立可变截面扫描路径——绘制曲线1

移动鼠标单击图视工具图标 ,或移动鼠标单击主功能菜单中的"插入/模型基准/草绘"命令,选择基准平面(FRONT)为草绘平面,默认基准平面"RIGHT"作为草绘参考面(右),单击"草绘"按钮,系统进入草绘界面,接受系统默认的草绘参照。绘制如图3.7.2所示的草图1。单击草绘图视工具图标 ,退出草绘界面,完成曲线1的绘制。

3. 建立可变截面扫描路径——绘制曲线2

重复步骤2,绘制如图3.7.3所示的草图2。单击草绘图视工具图标 ,退出草绘界面,完成曲线2的绘制。

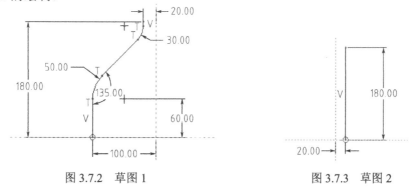

图3.7.2　草图1　　　　　　　　图3.7.3　草图2

4. 建立可变截面扫描路径——绘制曲线3,镜像曲线3得到曲线4

移动鼠标单击图视工具图标 ,或移动鼠标单击主功能菜单中的"插入/模型基准/草绘"命令,选择基准平面(RIGHT)为草绘平面,默认基准平面"FRONT"作为草绘参考面(右),单击"草绘"按钮,系统进入草绘界面,接受系统默认的草绘参照。绘制如图3.7.4所示的草图3。单击草绘图视工具图标 ,退出草绘界面,完成曲线3的绘制。

单击曲线3并利用图视工具图标 ,选择基准平面"FRONT"作为镜像平面,得到曲线4,如图3.7.5所示。

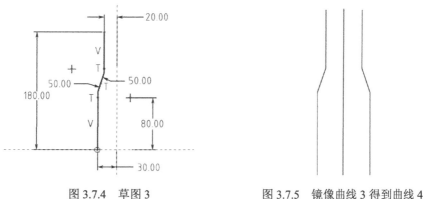

图3.7.4　草图3　　　　　　　图3.7.5　镜像曲线3得到曲线4

5. 建立可变截面扫描原点——绘制曲线 5

重复步骤 2，绘制如图 3.7.6 所示的草图 4。单击草绘图视工具图标 ✓，退出草绘界面，完成曲线 5 的绘制。

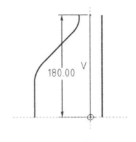

图 3.7.6　草图 4

6. 建立可变截面扫描曲面特征

移动鼠标单击主功能菜单中的"插入/可变截面扫描"命令，在系统弹出的可变截面扫描特征图标板中单击图标 ▢、参照，再按住 Ctrl 键依次点选曲线 5、曲线 1、曲线 2、曲线 3 和曲线 4，如图 3.7.7 所示，默认"参照"中的其他选项，在"选项"中选取"封闭端点"。

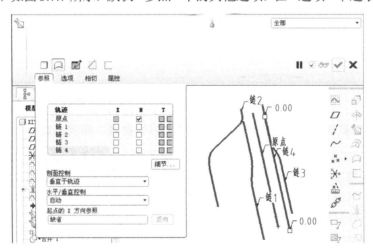

图 3.7.7　选取可变截面扫描路径

移动鼠标单击可变截面扫描特征图标板图标 ☑，绘制草图 5，如图 3.7.8 所示，单击草绘图视工具图标 ✓，退出草绘界面，单击 ☑ 按钮，完成可变截面扫描曲面的建立，如图 3.7.9 所示。

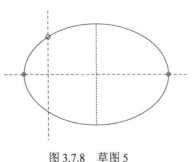

图 3.7.8　草图 5　　　　　图 3.7.9　建立可变截面扫描曲面

7. 建立拉伸曲面特征

隐藏以上建立的曲线后，移动鼠标单击图视工具图标 ，或移动鼠标单击主功能菜单中的"插入/拉伸"命令，再移动鼠标依次单击拉伸曲面特征图标板图标 、 、 ，选择基准平面"FRONT"为草绘平面，接受系统默认的草绘参照，绘制图 3.7.10 所示的草图 6，单击草绘图视工具图标 ，退出草绘界面。移动鼠标单击拉伸曲面特征图标板图标 ，在其文本框中输入拉伸值 80，单击图标 ，完成拉伸曲面的建立，如图 3.7.11 所示。

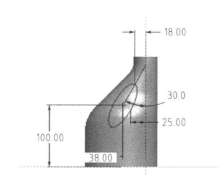

图 3.7.10　草图 6　　　　　图 3.7.11　建立拉伸曲面

8. 建立曲面合并 1

按住 Ctrl 键移动鼠标依次点选可变截面扫描曲面特征、拉伸曲面特征，再移动鼠标单击图视工具图标 ，或移动鼠标单击主功能菜单中的"编辑/合并"命令，单击合并曲面特征图标板图标 、 调整保留曲面方向，默认"选项"为"相交"，再单击合并曲面特征图标板图标 ，完成曲面合并 1 的建立，如图 3.7.12 所示。

9. 建立圆角特征

移动鼠标单击主功能菜单中的"插入/圆角"命令，或移动鼠标单击图视工具图标 ，此时系统弹出圆角特征图标板。在圆角特征图标板中输入圆角值 5，再用鼠标点选要建立圆角特征的边界，如图 3.7.13 所示，单击图标 ，完成圆角特征的建立。

图 3.7.12　曲面合并 1　　　　图 3.7.13　曲面圆角

10. 建立混合曲面特征——进入混合曲面截面草绘界面

移动鼠标单击主功能菜单中的"插入/混合/曲面"命令，系统将弹出建立混合曲面特征的菜单管理器。移动鼠标单击菜单管理器中的"平行"、"规则截面"、"草绘截面"、"完成"命令，系统将弹出生成混合曲面模型窗口和"属性"菜单管理器。移动鼠标依次单击该菜单管理器中的"直"、"封闭端"、"完成"命令，在系统弹出的"设置草绘平面"菜单管理器中默认"新设置"、"平面"命令，移动鼠标点选模型树中的基准平面"TOP"（草绘平面），再移动鼠标依次单击"设置草绘平面"菜单管理器中的"反向"、"确定"、"缺省"命令，系统进入混合曲面特征草绘界面，接受系统默认的草绘参照。

11. 建立混合曲面特征——绘制截面草图

利用草绘图视工具图标命令与绘制"切换截面"命令，完成混合曲面截面草图的绘制，如图3.7.14所示。单击草绘图视工具图标 ✓，退出草绘界面。

12. 建立混合曲面特征——确定混合生成特征参数

此时系统弹出建立混合曲面特征"深度"菜单管理器。移动鼠标依次单击此视窗中的"盲孔"、"完成"命令，在信息提示区的文本框中输入截面间的距离值5，单击图标 ✓，移动鼠标单击混合生成特征模型窗口中的"确定"按钮，完成混合曲面特征的建立。

13. 建立曲面合并2

按住Ctrl键移动鼠标依次点选曲面合并1特征、混合曲面特征，再移动鼠标单击图视工具图标 ⌐，或移动鼠标单击主功能菜单中的"编辑/合并"命令，单击合并曲面特征图标板图标 ％、％调整保留曲面方向，默认"选项"为"相交"，再单击合并曲面特征图标板图标 ✓，完成曲面合并2的建立，如图3.7.15所示。

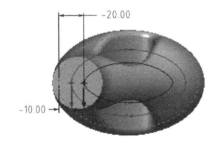

图3.7.14　混合曲面截面草图　　　　　图3.7.15　曲面合并2

14. 曲面特征实体化

单击曲面合并2，移动鼠标单击主功能菜单中的"编辑/实体化"命令，再移动鼠标依次单击实体化特征图标板图标 □、✓，完成曲面特征实体化。

15. 建立壳特征

移动鼠标单击图视工具图标 ⌑，或移动鼠标单击主功能菜单中的"插入/壳"命令，再移动鼠标点选如图3.7.15所示实体的瓶体口，在抽壳特征图标板的文本框中输入壳体厚度值1.0后，单击特征图标板图标 ％，选择抽壳方向，完成机油瓶体零件的建立。

16. 保存文件

移动鼠标单击主功能菜单中的"文件/保存"命令，或单击图视工具图标 ⌑，保存此零件。再移动鼠标单击主功能菜单中的"窗口/关闭"命令，关闭机油瓶体零件窗口。

第 3 章 曲面特征的建立

习　题

1. 利用曲面特征，根据如图 3.1 所示的三视图构建水杯实体模型。

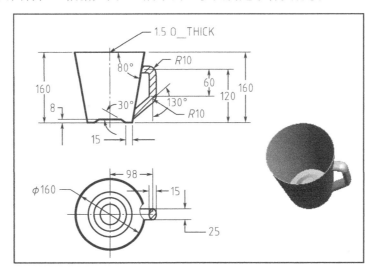

图 3.1　水杯零件图

2. 利用实体与曲面特征，根据图 3.2 所示的三视图构建咖啡壶实体模型。

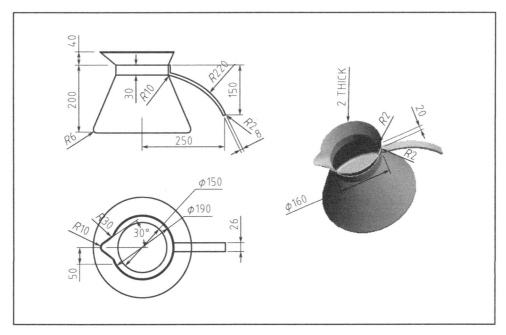

图 3.2　咖啡壶零件图

3. 利用曲面特征，根据图 3.3 所示的三视图构建上盖实体模型。

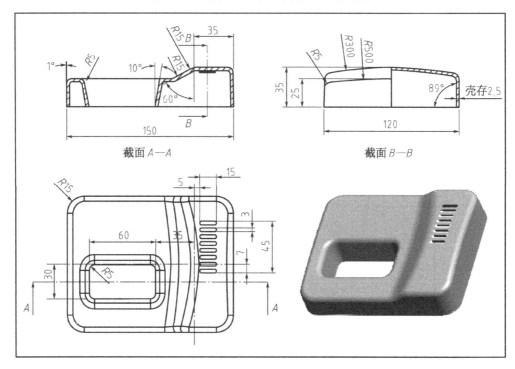

图 3.3　上盖零件图

4. 利用实体与曲面特征，根据图 3.4 所示的三视图构建汤匙实体模型。

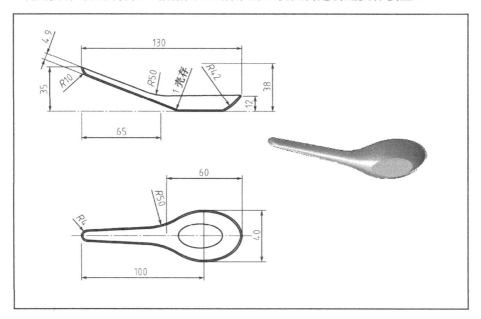

图 3.4　汤匙零件图

第 4 章

零件设计修改

参数式设计是 Creo Elements / Pro 5.0 软件在零件设计中最大的优点。它不但可以对零件草绘图设计中所定义的各尺寸参数值进行修改，还可以重新定义零件设计中任一个特征的几何数据，重新定义零件设计中子特征建立时所选的参考基准，调整零件设计中各特征的排列顺序，在零件设计中插入一个新特征等，以达到对零件设计进行修改的目的。

下面，我们通过实例讲解在零件设计过程中的各种修改方法。

实例 1　修改零件的尺寸或草图

打开一个保存的零件图，例如图 4.1.1 所示的零件图 1。要求把图中尺寸"76"改成"50"，把图中 φ11 的圆改成 6×6 的正方形。

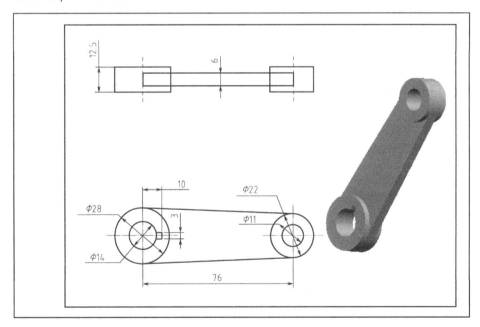

图 4.1.1　零件图 1

参考步骤

1. 先确定要修改的尺寸在实体建模的圆柱体拉伸生成特征里，然后用鼠标右键单击在零件窗口导航视窗模型树中的该特征，系统弹出特征编辑菜单，如图 4.1.2 所示。
2. 移动鼠标单击特征编辑菜单中的"编辑"命令，零件窗口中的零件将显示建构该特征草图的所有尺寸。如图 4.1.3 所示,用鼠标双击要修改的尺寸"76",在弹出的数字窗口中用"50"替换"76",按回车键确定,再移动鼠标单击主功能菜单中的"编辑/再生"命令,此零件的形状发生了如图 4.1.4 所示的变化。

3. 用鼠标右键单击模型树中含有 ϕ11 圆柱体的拉伸生成特征 ▱拉伸 1 后,在系统弹出的特征编辑菜单中单击"编辑定义"命令,零件窗口将弹出生成此拉伸生成特征的图标板。依次单击拉伸特征图标板中的图标 放置 、 编辑... ,系统进入草绘界面。把 ϕ11 的圆改成 6×6 的正方形,如图 4.1.5 所示。

图 4.1.2　特征编辑菜单　　　　　　图 4.1.3　修改尺寸

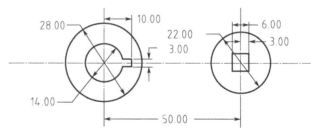

图 4.1.4　尺寸修改后的零件形状　　　图 4.1.5　修改后的草图

4. 用鼠标单击草绘图视工具图标 ✓,退出草绘界面。然后单击拉伸特征图标板图标 ✓,如图 4.1.6 所示,完成零件形状的修改并利用"文件/保存副本"命令,保存文件。

🌿 实例 2　修改零件特征 🌿

打开实例 1 修改后的零件图,如图 4.1.6 所示零件 1。对此零件进行修改,得到如图 4.2.1 所示的零件 2。

图 4.1.6　零件 1

图 4.2.1　零件 2

 参考步骤

1. 在零件窗口导航视窗的模型树中，用鼠标右键单击要修改的连接板特征拉伸 2 后，在系统弹出的特征编辑菜单中单击"编辑参照"命令，零件窗口将弹出"确认"对话框与"重定参照"菜单管理器，如图 4.2.2 所示。单击"确认"对话框中的"是"按钮，系统弹出"重定参照选取"菜单管理器，如图 4.2.3 所示。移动鼠标点选图 4.1.6 所示零件 1 的底面为替换的草绘平面，点击鼠标中键默认原草绘参照后，单击"重定参照选取"菜单管理器中的"完成"命令，原零件修改如图 4.2.4 所示。

图 4.2.2　"确认"对话框与"重定参照"菜单管理器

图 4.2.3　"重定参照选取"菜单管理器

图 4.2.4　重定参照后的零件

2. 再用鼠标右键单击要修改的连接板特征 拉伸 2 后，在系统弹出的特征编辑菜单中单击"编辑定义"命令，移动鼠标依次单击拉伸特征图标板图标 、 （调整拉伸方向），再单击拉伸特征图标板图标 ，零件 1 修改完成，如图 4.2.1 所示，将修改好的零件利用"文件/保存副本"命令，保存文件。

实例 3　添加零件特征

将如图 4.3.1（a）所示的零件通过添加特征，修改成如图 4.3.1（b）所示的零件。

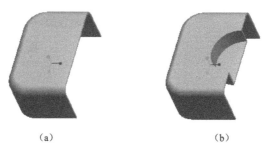

（a）　　　　　　　　　　（b）

图 4.3.1　添加零件特征修改零件

参考步骤

1. 打开如图 4.3.1（a）所示的零件，该零件的模型树中各特征如图 4.3.2 所示。
2. 在零件窗口导航视窗的模型树中，单击模型树中的 ➡ 在此插入 图标并按住左键移动鼠标，将 ➡ 在此插入 图标移动到模型树中要插入特征的位置，松开鼠标左键。此时窗口中的零件特征状态退回到 ➡ 在此插入 图标插入位置前所建立的特征状态，如图 4.3.3 所示。

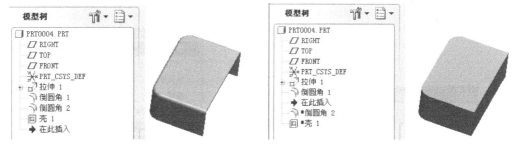

图 4.3.2　零件（a）的模型树　　　　图 4.3.3　特征插入位置

3. 利用图视工具图标 ，或移动鼠标单击主功能菜单中的"插入/拉伸"命令，移动鼠标依次单击拉伸体特征图标板图标 、放置、定义...，然后选择草绘平面——实体上平面，绘制如图 4.3.4 所示的截面草图，并单击草绘图视工具图标 ，退出草绘界面。移动鼠标单击拉伸体特征图标板图标 ，在其文本框中输入拉伸值 20，调整切除方向后单击拉伸体特征图标板图标 ，完成拉伸切除的建立，如图 4.3.5 所示。

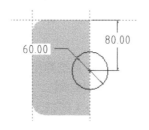　　　　

图 4.3.4　拉伸切除截面草图　　　　图 4.3.5　建立的拉伸切除特征

4. 在零件窗口导航视窗的模型树中，用鼠标左键单击模型树中的 ➡ 在此插入 图标并按住左键移动鼠标，将 ➡ 在此插入 图标移动到模型树中原来的位置，如图 4.3.6 所示，完成零件的修改并利用"文件/保存副本"命令，保存文件。

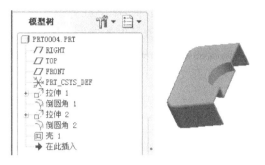

图 4.3.6　特征插入后的模型树及零件

实例 4　调整零件特征顺序

将如图 4.4.1（a）所示的零件通过调整特征顺序，修改成如图 4.4.1（b）所示的零件。

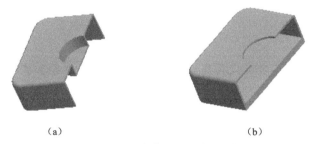

（a）　　　　　　　　　　　　　（b）

图 4.4.1　调整特征顺序修改零件

 参考步骤

1. 打开如图 4.4.1（a）所示的零件，建立该零件模型树中各特征如图 4.3.6 所示。

2. 在零件窗口导航视窗的模型树中，单击模型树中的特征 拉伸 2 并按住左键移动鼠标，将特征 拉伸 2 移动到模型树中 ➡ 在此插入 图标前面的位置，如图 4.4.2 所示，完成零件 1 的修改。

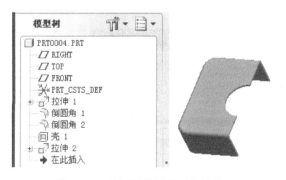

图 4.4.2　特征顺序调整后的零件 1

3. 在零件窗口导航视窗的模型树中，用鼠标右键单击模型树中的特征 回壳1，在系统弹出的特征编辑菜单中单击"编辑定义"命令，零件窗口将弹出生成此抽壳特征的图标板。

4. 移动鼠标单击抽壳特征图标板的图标 参照，在弹出的窗口"移除的曲面"栏中移除侧面，并在"非缺省厚度"栏中点入要修改厚度的曲面，如图4.4.3所示，并修改厚度值为10.00，然后单击抽壳特征图标板图标 ✓，完成零件不同壁厚抽壳的修改，将修改好的零件利用"文件/保存副本"命令，保存文件。

图4.4.3　零件抽壳特征的修改

 注意

> 建立零件特征往往需要先定义建立特征的草绘平面、参考基准、草图截面。而这些平面、基准及草图中的一些约束关系，将使得零件建立的各特征间形成父子关系，父子关系是指在零件设计中后一特征对前一特征的依附关系。若要对存在父子关系的特征进行特征顺序的调整，则必须先将两父子关系脱离。通常可以利用特征编辑菜单中的"编辑参照"命令，重新定义零件设计中子特征建立时所选用的草绘平面、参考基准、草图截面中的约束关系，达到修改的目的。

在建立、修改或重定义零件特征时，有时会由于给定的数据不当或参考丢失，出现特征"再生失败"对话框，如图4.4.4所示，单击"再生失败"对话框中的"确定"按钮，系统将弹出"求解特征"菜单管理器，如图4.4.5所示。这时，可利用"求解特征"菜单管理器中的"取消更改"、"修复模型"或"快速修复"命令，解决特征建立、修改或重定义出现的失败。常用特征生成失败的解决方法如下。

图4.4.4　零件修改"再生失败"对话框　　　图4.4.5　"求解特征"菜单管理器

方法

● 取消改变：如图 4.4.6（a）所示，单击菜单管理器"求解特征"目录视窗中的"取消更改"命令，然后在"确认"子目录视窗中单击"确认"命令，零件退回修改前的状态。

● 删除特征：如图 4.4.6（b）所示，单击菜单管理器"求解特征"目录视窗中的"快速修复"命令，然后在"快速修复"子目录视窗中单击"删除"命令，并在"确认"子目录视窗中单击"确认"命令，删除失败的特征及其子特征，退出特征失败的状态。

● 重定义特征：如图 4.4.6（b）所示，单击菜单管理器"求解特征"目录视窗中的"快速修复"命令，然后在"快速修复"子目录视窗中单击"重定义"命令，并在"确认"子目录视窗中单击"确认"命令，系统退到修改特征的界面，可以对特征重新进行修改。

● 修复特征：如图 4.4.6（c）所示，单击菜单管理器"求解特征"目录视窗中的"修复模型"命令，然后在"修复模型"子目录视窗中单击"特征"命令，并在随后系统弹出的"特征"子目录视窗中单击"重定义"命令，并移动鼠标在零件窗口导航视窗的模型树中点选要修复的特征，系统退到修改特征的界面，可以对特征重新进行修改。

(a)　　　　　　　(b)　　　　　　　(c)

图 4.4.6　"求解特征"菜单管理器

第 5 章 装配体的建立

在进行机械产品设计时，可以利用 Creo Elements / Pro 5.0 软件在"装配"模式下，将包含零件和子装配体的元件按机械产品中各零件之间的装配关系进行组合，完成其装配体，以检查各零件在产品装配状态下的情况。产品的装配图与各零件图之间存在参数化的设计关系。

建立装配模型常用的装配工具条各图标的含义如表 5.1 所示；装配操作面板如图 5.1 所示。

表 5.1 装配工具条各图标的含义

图 标	含 义
	装配键，将元件添加到组件
	Manikin 键，将 Manikin 添加到组件
	创建键，在组件模式下创建零件

图 5.1 装配操作面板

在装配操作面板"放置"选项中，如图 5.2 所示，通过选取不同的"约束类型"、"偏移"下拉选项，建立零件之间的装配关系。在装配操作面板"移动"选项中，如图 5.3 所示，通过选取不同的"运动类型"下拉选项，改变零件在窗口中的方向和位置。

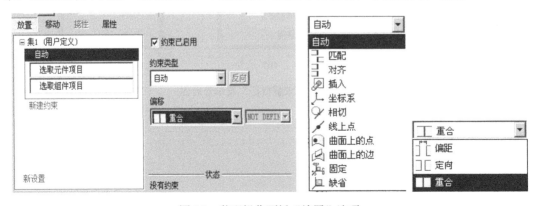

图 5.2 装配操作面板"放置"选项

第 5 章 装配体的建立

图 5.3 装配操作面板"移动"选项

装配操作面板中各图标的含义如表 5.2 所示。

表 5.2 装配操作面板中各图标的含义

图标	含义	图标	含义	图标	含义
放置	元件放置对话框图标	自动	基于所选参考的自动约束	直线上的点	将点与线对齐
移动	元件移动对话框图标	配对	将一个元件参照与组件参照配对	曲面上的点	将点与曲面对齐
用户定义	使用约束定义约束集	对齐	将元件参照与组件参照对齐	曲面上的边	将边与曲面对齐
	激活为将约束转换为结构连接	插入	将元件参照插入到组件参照中	固定	将元件固定到当前位置
	指定约束时在单独的窗口显示元件	坐标系	将一个元件坐标系与组件坐标系对齐	缺省	在默认位置装配元件
	指定约束时在组件的窗口显示元件	相切	将一个元件曲面定位于和组件参照相切	0.00	设置约束偏移与修改约束方向
	将元件放置于与组件重合的位置		将元件参照定向到组件参照		将元件偏移放置到组件参照
	暂停	✓	确定	✗	取消

在装配操作面板上,可以通过"放置"对话框建立、编辑或删除元件间的约束;可以通过"移动"对话框移动或旋转要装配元件的位置或方向。Creo Elements / Pro 5.0 是通过添加约束条件来确定各元件之间的相对位置关系,进而完成零件装配的。常用约束使用如下。

缺省约束:也称为"默认"约束,可以用该约束将元件上的默认坐标系与装配环境的默认坐标系对齐。当向装配环境中引入第一个元件(零件)时,常常对该元件实施这种约束形式。

配对约束:常用在使两个装配元件中的两个平面平行,朝向相反。该约束包括"重合"、"定向"和"偏距"三种偏移类型。

对齐约束:常用在使两个装配元件中的两个平面重合(或平行),朝向相同;或使两个装配元件中的两条轴线同轴,或使两个装配元件中的两个点重合,从而可以实现共面、平行或重合。

插入约束：常用于将一个装配元件中的旋转曲面插入另一个装配元件的旋转曲面中，并使两者的中心轴重合。

相切约束：常用在使两个装配元件中的两个曲面相切。

固定约束：常用在使装配元件固定在装配模型指定位置中。

实例1 建立阀体的装配体

按如图 5.1.1 所示的阀体装配图中各个零件的装配关系，建立阀体的装配体，并测量装配体中各零件干涉状况。

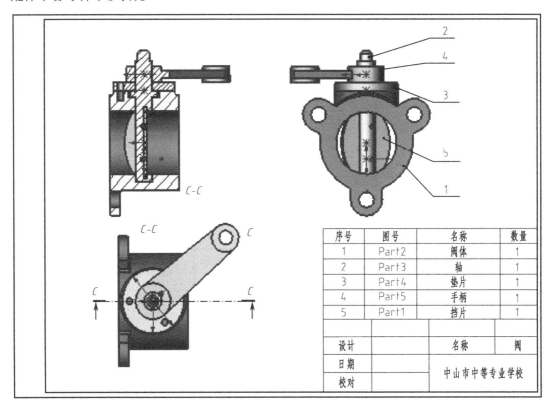

图 5.1.1 阀体装配图

参考步骤

1. 进入建立装配体界面

进入 Creo Elements / Pro 5.0 界面环境，设置保存有阀体待装零件的"阀体"文件夹为工作目录，移动鼠标单击图视工具"新建"图标 □，或单击主功能菜单中的"文件/新建"命令，系统将弹出"新建"对话框。如图 5.1.2 所示，在"新建"对话框中选择"组件"/"设计"，并在"名称"文本框中输入阀体装配模型文件名"fati"后，去掉"使用缺省模板"前的对号后，单击"确定"按钮。在系统弹出的"新的文件选项"对话框中选择绘图单位为"mmns_asm_design"（米制），单击"确定"按钮，进入建立装配模型界面。

第 5 章 装配体的建立

图 5.1.2 "新建"对话框

2．建立装配体中的第一个零件

移动鼠标单击主功能菜单中的"插入/元件/装配"命令，或单击图视工具"装配"图标，此时系统弹出"文件打开"对话框，如图 5.1.3 所示。点选要装配的阀体零件"fati01.prt"文件，单击"打开"按钮，装配模型中的第一个零件进入窗口，同时系统在信息区弹出装配操作面板。单击装配操作面板上"自动"约束菜单中的，缺省，如图 5.1.4 所示，使得"fati01"零件的坐标系与"fati"装配模型坐标系重合，再单击装配操作面板上的，将零件"fati01"装配完成。

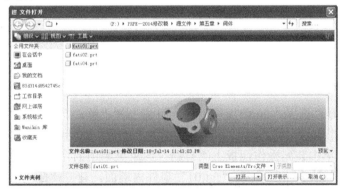

图 5.1.3 "文件打开"对话框

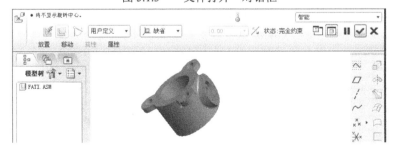

图 5.1.4 载入"fati01"零件

3．建立装配体中的第二个零件——插入第二个零件

单击图视工具"装配"图标，在系统弹出的"文件打开"对话框中点选阀体要装配的零件"fati02"，单击"打开"按钮，"fati02"轴零件进入窗口，如图 5.1.5 所示。

141

图 5.1.5　载入"fati02"零件

4．建立装配体中的第二个零件——装配关系 1

单击装配操作面板上"自动"约束菜单中的 对齐，移动鼠标依次单击"fati02"的轴线、"fati01"上孔轴线，建立"对齐"约束，如图 5.1.6 所示。单击装配操作面板上的 图标调整装配方向。

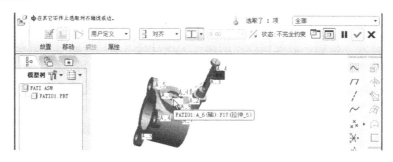

图 5.1.6　建立轴"对齐"约束

5．建立装配体中的第二个零件——装配关系 2

若"fati02"零件嵌入"fati01"零件内，可先选择"移动"对话框中的平移，用鼠标左键拖动"fati02"零件，将其移开，再用鼠标在"放置"对话框中点选"新建约束"后，如图 5.1.7 所示，单击装配操作面板上"自动"约束菜单中的 配对，移动鼠标在工作区依次单击"fati02"轴零件左端面、"fati01"零件内端面，建立"配对"约束，如图 5.1.8 所示。

此时，在装配操作面板上"fati01"零件与"fati02"零件"完全约束"，单击装配操作面板上 ，完成"fati02"零件的装配。

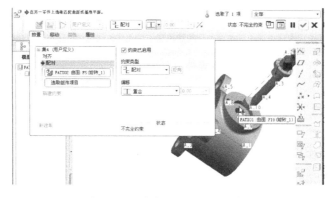

图 5.1.7　建立面"配对"约束

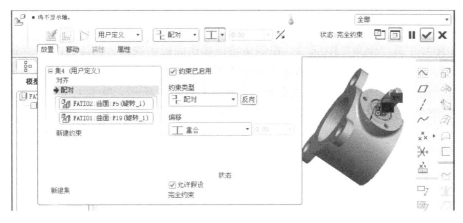

图 5.1.8　建立"fati02"零件装配

6. 建立装配体中的第三个零件——在装配体中进行零件设计

单击图视工具"创建"图标，在系统弹出的"元件创建"对话框中，选择"零件"/"实体"，如图 5.1.9 所示，并在"名称"栏中输入零件的名称"fati03"，单击"确定"按钮。在系统弹出的"创建选项"对话框中选取"创建特征"，如图 5.1.10 所示，再单击"确定"按钮，系统进入"fati03"零件的建模界面（此时"fati03"零件处于激活状态）。

图 5.1.9　"元件创建"对话框　　　图 5.1.10　"创建选项"对话框

 注意

在装配中载入零件后，用鼠标依次单击要约束的两个零件上的配合要素时，系统会根据所选取的要素自动确定其约束类型，建立第一个约束关系。接着再依次单击两个零件上另一个配合要素时，系统会根据所选取的要素自动确定其约束类型，建立第二个约束关系。直到两个零件完成约束。如果再添加其他约束，可以单击装配操作面板"放置"选项中的"新建约束"，再用鼠标依次单击要约束的两个零件上的配合要素来实现。

7. 建立装配体中的第三个零件——建立拉伸特征

单击图视工具"拉伸"图标，选择"fati01"零件一端面为草绘面，使用草绘图视工具图标，绘制"fati03"零件草图，如图 5.1.11（a）所示，建立高度为 5 的拉伸特征，调整拉伸方向，然后单击拉伸特征操作面板中图标，完成"fati03"零件拉伸特征的创建。

8. 建立装配体中的第三个零件——建立倒角特征

单击图视工具"倒角"图标，在倒角特征操作面板中选取"角度×D"，并输入倒角参数"45"、"1"，移动鼠标依次点选"fati03"零件要倒角的边，然后单击倒角特征操作面板中图标，完成"fati03"零件的创建，如图5.1.11（b）所示。单击主功能菜单中的"窗口/激活"命令，关闭"fati03"零件的激活状态。

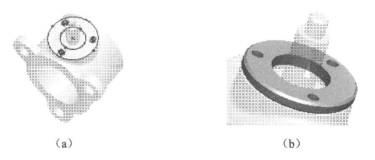

（a） （b）

图 5.1.11 创建"fati03"零件

9. 建立装配体中的第四个零件

载入"fati04"零件，同"fati02"零件的装配方法相同，如图 5.1.12 所示，为保证两个零件键槽对正，添加一个"配对"约束，完成"fati04"零件的装配。

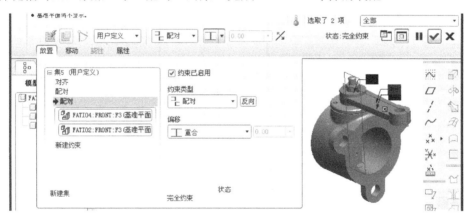

图 5.1.12 建立"fati04"零件装配

10. 建立装配体中的第五个零件

单击图视工具"创建"图标，在系统弹出的"元件创建"对话框中选择"零件"/"实体"，并输入零件的名称"fati05"，单击"确定"按钮。在系统弹出的"创建选项"对话框中选取"创建特征"，单击"确定"按钮后进入"fati05"零件的建模界面。

单击图视工具"拉伸"图标，选择"fati02"零件一平面为草绘面，使用草绘图视工具图标，绘制"fati05"零件草图，如图5.1.13（a）所示，建立高度为3的拉伸特征，调整拉伸方向，然后单击拉伸特征操作面板中的图标，完成"fati05"零件拉伸特征的创建，如图5.1.13（b）所示。

单击主功能菜单中的"窗口/激活"命令，关闭"fati05"零件的激活状态，完成阀体的装配，如图5.1.14所示。保存文件。

图 5.1.13 创建"fati05"零件

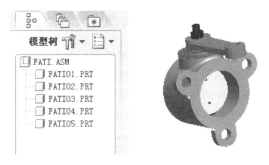

图 5.1.14 阀体装配体

 注意

在装配体中，可以对完成装配后的元件进行复制、阵列、修改、删除等编辑操作，其操作方法与前面实体建模中对已建立的实体特征进行复制、阵列、修改、删除等编辑操作基本相同。不同的是，在建立装配中元件复制之前先建立一个 *XYZ* 坐标系。

11．测量装配体干涉状况

移动鼠标单击主功能菜单中的"分析/模型/全局干涉"命令，系统将弹出"全局干涉"对话框，如图 5.1.15 所示，单击对话框中的 ∞ 图标，阀体装配体中干涉零件及干涉的体积会显示在"全局干涉"对话框中。

图 5.1.15 测量装配体干涉状况

从阀体装配体"全局干涉"对话框中的测量数据可以看到："fati05"零件与"fati01"、"fati02"零件均发生干涉情况，干涉体积分别为"114.394mm^3"和"10.0694mm^3"。

12. 保存文件

移动鼠标单击图视工具"保存"图标 ，或移动鼠标单击主功能菜单中的"文件/保存"命令，将建立好的阀体装配体保存在"阀体"文件夹中。

> **注意**
>
> 在保存装配体文件时，一定要将其与装配体上各零件保存在同一个文件夹中。否则，将会发生打开装配体错误。

实例2　建立阀体装配体的分解视图

有时，为了更好地表达装配体的构成、装配过程以及装配体中各个元件的相对位置，通常把装配体中的各个零部件沿着直线或坐标轴移动或旋转，使各个零件有次序地从装配体中分解出来，得到装配体的分解视图，也称为装配体的爆炸状态图。

下面以阀体装配体为例，建立如图5.2.1所示的装配体分解视图。

图5.2.1　阀体装配体分解视图

 参考步骤

1. 打开文件名为"fati.asm"的阀体装配体，移动鼠标单击主功能菜单中的"视图/分解/分解视图"命令，装配体分解成功。

2. 移动鼠标单击"视图/分解/编辑位置"命令，系统将弹出编辑位置操作面板，如图5.2.2所示，单击操作面板上的 （视图平面）图标，移动鼠标单击要移动的零件，该零件上将出现一个黑方点。此时，按住鼠标左键并移动鼠标，零件将会被移动到指定位置，如图5.2.3所示，分别编辑各零件位置。

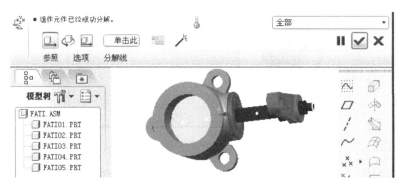

图5.2.2　编辑位置操作面板

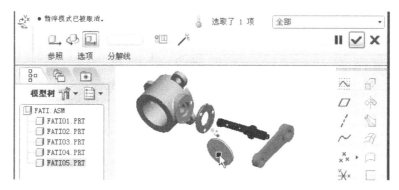

图 5.2.3　编辑各零件位置

3. 移动鼠标单击编辑位置操作面板中图标✓，完成"fati"装配体分解视图的建立。

 注意

在建立完成装配体分解视图后，还可以利用"视图/分解/取消分解视图"命令取消所建立的装配体分解视图。

实例3　建立零件装配体，并按图示坐标系测量装配体的重心坐标

按图 5.3.1（a）、(b)、(c) 所示零件图，建立零件装配体，如图 5.3.2 所示，并按图示坐标系位置测量该装配体的重心坐标。

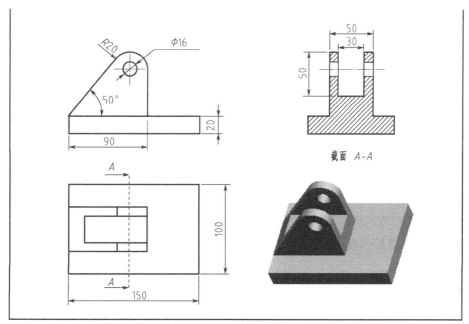

（a）零件1

图 5.3.1　零件图

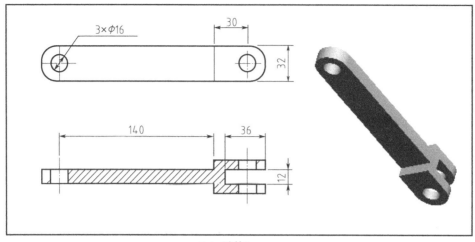

（b）零件2

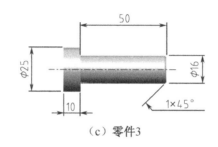

（c）零件3

图 5.3.1　零件图（续）

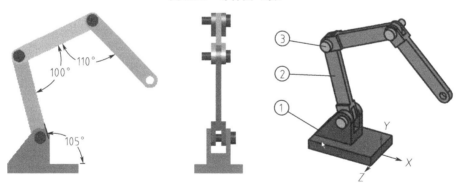

图 5.3.2　装配体各零件位置关系及坐标系位置

参考步骤

1. 进入建立装配体界面

进入 Creo Elements / Pro 5.0 界面环境，移动鼠标单击图视工具"新建"图标 ，或单击主功能菜单中的"文件/新建"命令，系统将弹出"新建"对话框。在"新建"对话框中选择"组件"/"设计"，并在"名称"文本框中输入阀体装配模型文件名"shili3"，去掉"使用缺省模板"前的对号后，单击"确定"按钮。在系统弹出的"新的文件选项"对话框中选择绘图单位为"mmns_asm_design"（米制），单击"确定"按钮，进入建立装配模型界面。

2. 建立装配体中的第一个零件

单击图视工具"创建"图标，系统弹出的"元件创建"对话框，选择对话框中的"零件"/"实体"，并在"名称"中输入零件的名称"shili3-01"，单击"确定"按钮。在系统弹出的"创建选项"对话框中单击"确定"按钮，系统进入"shili3-01"零件的建模界面。

按零件 1 图所示，利用实体拉伸命令，完成如图 5.3.3 所示的第一个零件的建立。

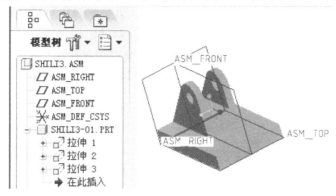

图 5.3.3 "shili3-01"零件的建立

 注意

在装配体中建立零件时，若要修改已建立零件的特征，先用鼠标单击模型树窗口上的设置图标中的"树过滤器"命令，在系统弹出的"模型树项目"的显示项目中，单击"特征"后确定，模型树窗口中每个零件的特征将显示出来。这时，选择要编辑的零件后单击鼠标右键，在弹出的菜单中单击"激活"命令，该零件进入激活状态，可以进行编辑。

3. 建立装配体中的第二个零件

按零件 2 及装配位置图所示，重复步骤 2，进入"shili3-02"零件的建模界面。利用实体拉伸命令，完成如图 5.3.4 所示的第二个零件的建立。但零件 2 与零件 1 装配位置上两个 $\phi16$ 的孔没有建立（建立零件 3 后生成）。

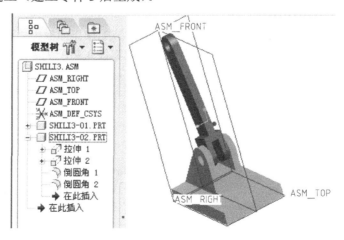

图 5.3.4 "shili3-02"零件的建立

4．建立装配体中的第三个零件

按零件 3 及装配位置图所示，重复步骤 2，进入"shili3-03"零件的建模界面。利用实体拉伸命令，完成如图 5.3.5 所示的第三个零件的建立。

5．建立装配体中的第二个零件两个 φ16 的孔

单击主功能菜单中的"编辑/元件操作"命令，系统将弹出"元件"菜单管理器，如图 5.3.6 所示。单击菜单管理器中的"切除"命令，移动鼠标点选要对其进行切除处理的零件 2，单击鼠标中键，再用鼠标点选要进行切除处理的参照零件 3，单击鼠标中键。单击菜单管理器中的"完成"命令，零件 2 上两个 φ16 的孔建立完成，在零件 2 的建模特征后出现 ⌐切出 标识230。

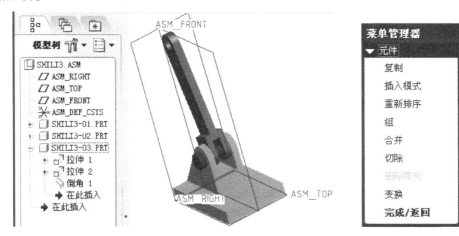

图 5.3.5 "shili3-03"零件的建立　　　图 5.3.6 "元件"菜单管理器

6．建立装配体中的第四个零件——插入第四个零件

单击主功能菜单中的"文件/保存"命令，将已完成的三个零件及其装配体保存在"shili3"文件夹中，单击图视工具"装配"图标，在系统弹出的"文件打开"对话框中点选要装配的零件"shili3-02"，单击"打开"按钮，"shili3-02"零件载入装配窗口。

7．建立装配体中的第四个零件——装配关系 1

移动鼠标依次单击零件 4 与零件 2 的内孔表面，装配操作面板上"自动"约束菜单中显示其装配关系为 插入 约束，如图 5.3.7 所示，完成零件 4 装配关系 1 的建立。

图 5.3.7 建立"插入"约束

8. 建立装配体中的第四个零件——装配关系 2

移动鼠标在工作区依次单击零件 4 与零件 2 相配合位置处平面，装配操作面板上"自动"约束菜单中显示其装配关系为 ᆗ 配对 约束，如图 5.3.8 所示，点选"偏移"类型为 工（重合）。此时，两个零件完成约束。为满足装配体要求，需要建立装配关系 3。

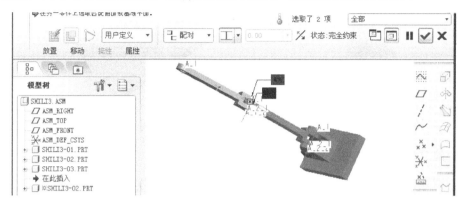

图 5.3.8　建立"配对"约束

9. 建立装配体中的第四个零件——装配关系 3

用鼠标单击装配操作面板上"放置"对话框中的"新建约束"后，移动鼠标在工作区依次单击零件 4 与零件 2 有角度配合要求的位置平面，如图 5.3.9 所示，在装配操作面板上的"自动"约束菜单中显示其装配关系为 ᆗ 对齐 约束，点选"偏移"类型为 角度偏移，并在其后的文本框中输入与装配体相应的偏移角度值，单击装配操作面板上的 ✓，完成零件 4 的装配，如图 5.3.10 所示。

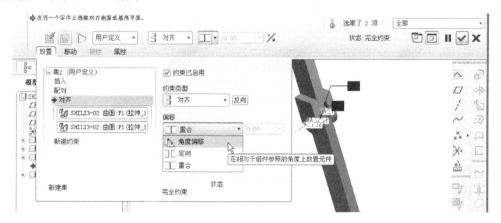

图 5.3.9　建立"对齐"角度约束

10. 建立装配体中的第五个零件

单击图视工具"装配"图标，在系统弹出的"文件打开"对话框中点选要装配的零件"shili3-03"，单击"打开"按钮，"shili3-03"零件载入装配窗口。同步骤 7、步骤 8 方法，完成零件 5 的装配，如图 5.3.11 所示。

图 5.3.10　建立零件 4 的装配　　　　图 5.3.11　建立零件 5 的装配

11．建立装配体中的第六个零件

单击图视工具"装配"图标，在系统弹出的"文件打开"对话框中点选要装配的零件"shili3-02"，单击"打开"按钮，"shili3-02"零件载入装配窗口。同步骤 7、步骤 8 与步骤 9 方法，完成零件 6 的装配，如图 5.3.12 所示。

12．建立装配体中的第七个零件，保存文件

单击图视工具"装配"图标，在系统弹出的"文件打开"对话框中点选要装配的零件"shili3-03"，单击"打开"按钮，"shili3-03"零件载入装配窗口。同步骤 7、步骤 8 方法，完成零件 7 的装配，如图 5.3.13 所示。

图 5.3.12　建立零件 6 的装配　　　　图 5.3.13　建立零件 7 的装配

移动鼠标单击图视工具"保存"图标，或移动鼠标单击主功能菜单中的"文件/保存"命令，将建立好的装配体保存在"shili3"文件夹中。

13．建立装配体的坐标系

单击图视工具"点"图标，在装配体零件 1 的底边中点处，建立一个基准点，如图 5.3.14 所示。再单击图视工具"坐标系"图标，在装配体零件 1 的基准点处，建立一个基准点，如图 5.3.15 所示。利用零件 1 的表面确定坐标系各轴的方向，单击"坐标系"对话框中的"确定"按钮，完成坐标系的建立。

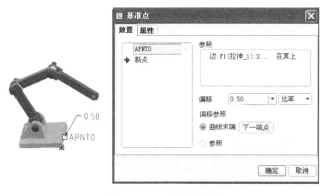

图 5.3.14 建立基准点

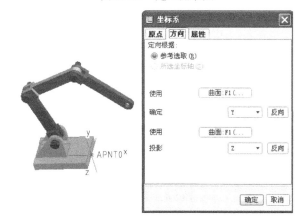

图 5.3.15 建立坐标系

14. 测量装配体的重心坐标

移动鼠标单击主功能菜单中的"分析/模型/质量属性"命令,在系统弹出的"质量属性"对话框中的"坐标系"文本框中单击,移动鼠标点选步骤 13 所建立的坐标系,再单击"质量属性"对话框中 图标,如图 5.3.16 所示,装配体相对于此坐标系的重心坐标为:(-60.703133,99.528405,0.20062219)。

图 5.3.16 测量重心坐标

习　题

1. 按图 5.4～图 5.7 所示，完成下列零件的建模及装配，如图 5.8 所示，生成分解视图，并求出装配模型的重心（测量坐标系在零件 2 所标注的 $\phi 12$ 孔中心处）。

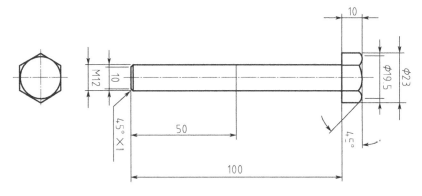

图 5.4　零件 1

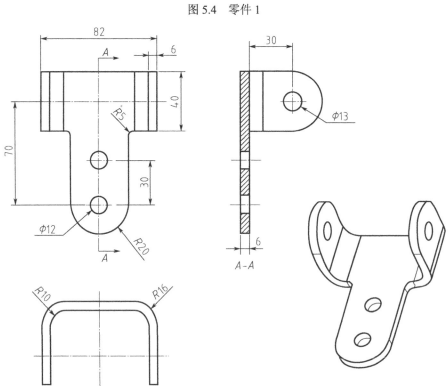

图 5.5　零件 2

第 5 章 装配体的建立

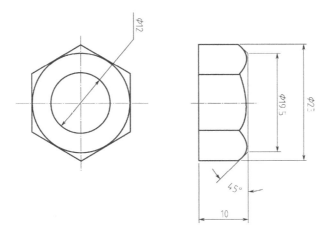

图 5.6 零件 3

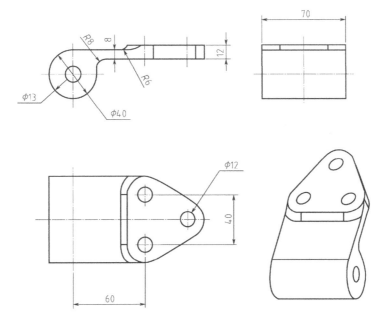

图 5.7 零件 4

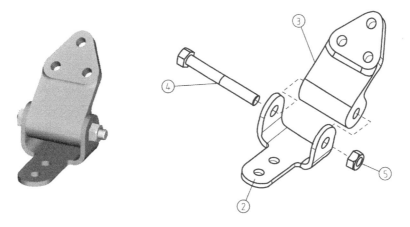

图 5.8 零件装配体及其分解视图

2. 按图 5.9 所示 5 个零件模型与其装配模型，自主定义尺寸建模及装配，并生成分解视图。

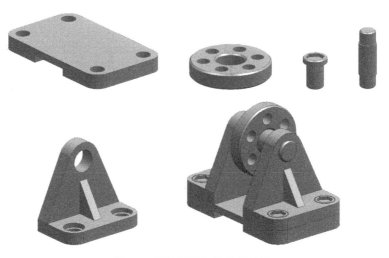

图 5.9 零件模型与其装配模型

第 6 章 零件工程图的建立

在生产中经常要用到零件的二维工程图。Creo Elements / Pro 5.0 软件建立零件工程图的方法是先建立零件的三维零件模型或装配模型，再由三维零件模型或装配模型生成其二维工程图。三维零件模型或装配模型与其二维工程图之间存在参数化设计关系。如改变三维模型尺寸或改变工程图上的尺寸值，则系统会相应更新其对应图纸或模型上的尺寸，可确保资料的正确性。工程图中所有视图都是相关的，如改变一个视图中的尺寸值，系统就相应地更新其他工程图视图。

Creo Elements / Pro 5.0 软件建立工程图图标板如图 6.1～图 6.6 所示；工程图图标板上常用的功能有"布局"、"表"、"注释"、"草绘"、"审阅"和"发布"。

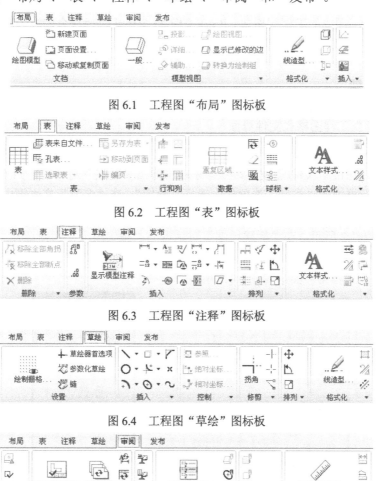

图 6.1 工程图"布局"图标板

图 6.2 工程图"表"图标板

图 6.3 工程图"注释"图标板

图 6.4 工程图"草绘"图标板

图 6.5 工程图"审阅"图标板

图 6.6 工程图"发布"图标板

- 布局：绘图文档编辑、创建模型视图、设置视图线型及显示、插入绘图或数据。
- 表：创建与编辑表格、编辑文本与线型。
- 注释：标注与编辑尺寸、编辑视图与文本。
- 草绘：绘制与编辑制图图元。
- 审阅：查询与测量制图图元。
- 发布：打印出图、文件导出。

实例 1 创建工程图格式

创建一个 A3 图幅的工程图格式。Pro/E 的工程图格式包括符合国家标准的工程图设置文件参数选项、图框、标题栏等要素。

 参考步骤

1. 进入建立工程图格式文件界面

进入 Creo Elements / Pro 5.0 界面环境后，移动鼠标单击图视工具"新建"图标 ，或单击主功能菜单中的"文件/新建"命令，系统将弹出"新建"对话框。如图 6.1.1 所示，在"新建"对话框中的"类型"选项栏中选择"绘图"，在"名称"文本框中输入文件名称"A3"，去掉"使用缺省模板"前的对号后，单击"确定"按钮，系统将弹出"新建绘图"对话框。如图 6.1.2 所示，在"新建绘图"对话框的"指定模板"栏内选择"空","方向"栏内选择图纸为"横向"，"大小"栏内选择图纸的大小为"A3"，单击对话框中的"确定"按钮，进入建立工程图界面，如图 6.1.3 所示。

图 6.1.1 "新建"对话框　　　图 6.1.2 "新建绘图"对话框

第6章 零件工程图的建立

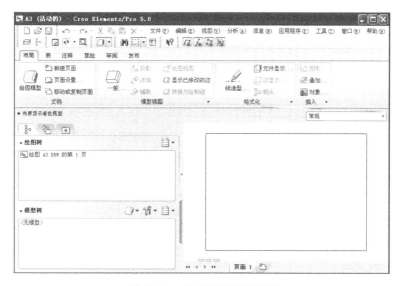

图 6.1.3 "A3"工程图界面

2. 设置工程图格式配置文件参数选项

单击主功能菜单中的"文件/绘图选项"命令，系统将弹出绘图"选项"对话框，如图 6.1.4 所示。

图 6.1.4 绘图"选项"对话框

绘图"选项"对话框中列出了 Creo Elements / Pro 5.0 软件工程图格式配置文件的各项参数，系统为这些参数赋予了默认值。通过修改这些参数值，可以对工程图的比例、尺寸文本、文本字体、引导线箭头、工程图中的单位、文本方向、几何公差标准、字体属性、箭头长度等要素进行修改，以满足实际生产设计中对工程图纸标准的需求。在工程图中，设置符合中国国家标准的工程图格式配置文件各参数选项，如表 6.1.1 所示。

移动鼠标点选"选项"对话框中要修改的参数选项后，在对话框下面的"值"文本框中按表 6.1.1 所示参数输入或选取，然后按回车键完成工程图格式配置文件中各参数选项的设置，再移动鼠标单击"选项"对话框中的图标按钮，在系统弹出的"另存为"对话框中的工作目录（如 E:\proe 文件）中保存文件，完成配置文件"config.pro"的创建并保存。以后在创建其他工程图的格式配置文件参数选项时，只要直接打开已保存的配置文件

"config.pro"即可。

表 6.1.1　符合中国国家标准的工程图格式配置文件参数表

参数名称	参数值及说明
下面的选项控制尺寸的文本	
参数名称	参数值及说明
drawing_text_height	【3.500000】设置绘图中所有文本的默认文本高度
text_thickness	【0.000000】设置默认文本粗细
text_width_factor	【0.800000】设置文本宽度和高度的比例
下面的选项控制视图及其注释	
参数名称	参数值及说明
broken_view_offset	【5.000000】设置破断视图两部分间的偏距距离
create_area_unfold_segmented	【YES】局部展开图与全部展开图中的尺寸是否显示相似
def_view_text_height	【0.000000】在剖视图及放大图中,设置注释和箭头的文本高度
def_view_text_thickness	【0.000000】在剖视图及放大图中,设置注释和箭头的文本粗细
detail_circle_line_style	【PHANTOMFONT】设置局部放大图中圆的线型
detail_view_circle	【ON】设置局部放大图中圆的显示
half_view_line	【SYMMETRY】设置半视图中对称线的显示
projection_type	【FIRST_ANGLE】确定投影视图的方法
show_total_unfold_seam	【YES】控制全部展开横截面视图中切缝(切割平面的切缝)的显示
view_note	【STD_ISO】设置与视图相关的注释
view_scale_denominator	【3600】设置视图比例的分数显示
view_scale_format	【RATIO_COLON】设置视图比例的显示形式
下面的选项控制剖视图及其剖视箭头	
参数名称	参数值及说明
crossec_arrow_length	【6.000000】设置剖视箭头的长度
crossec_arrow_style	【TAIL_ONLINE】设置剖视箭头的显示形式
crossec_arrow_width	【1.500000】设置剖视箭头的宽度
crossec_text_place	【AFTER_HEAD】设置剖视图文本符号的位置
cutting_line	【STD_ansi】控制剖切线的显示
cutting_line_adapt	【NO】控制剖视箭头显示的线型
cutting_line_segment	【10.000000】指定一条非 ANSI 切割线加粗部分的绘图单位长度
draw_cosms_in_area_xsec	【NO】区域剖视图的切割平面中,控制修饰草绘和基准曲线特征的显示
remove_cosms_from_xsecs	【ALL】完全剖视图中控制螺纹、修饰特征图元等的显示
下面的选项控制视图中实体的显示	
参数名称	参数值及说明
datum_point_size	【0.312500】控制模型基准点和草绘的两个尺寸点的大小
datum_point_shape	【CROSS】控制基准点的显示形式
hlr_for_pipe_solid_cl	【NO】控制管道中心线的显示
hlr_for_threads	【YES】控制绘图中螺纹的显示
location_radius	【DEFAULT(.2)】修饰指示位置的节点半径,控制其可见度
mesh_surface_lines	【ON】控制蓝色曲面网格线的显示
thread_standard	【STD_ISO_IMP_ASSY】控制螺纹孔的显示方式
hidden_tangent_edges	【DEFAULT】控制视图中隐藏相切边的显示
ref_des_display	【NO】控制参照指示器在缆线连接组件工程图中的显示
weld_solid_xsec	【NO】在剖视图中,控制焊缝是否以填充实体显示

续表

下面的选项控制尺寸	
参数名称	参数值及说明
allow_3d_dimensions	【YES】确定尺寸是否在等轴视图中显示
angdim_text_orientation	【HORIZONTAL】控制角度尺寸在工程图中的显示
associative_dimensioning	【NO】使草绘尺寸与草绘图元相关
blank_zero_tolerance	【NO】控制正负公差值的显示
chamfer_45deg_leader_style	【STD_ISO】控制倒角尺寸的导引类型,但不改变文本
clip_dimensions	【YES】控制尺寸在详图视图中的显示
clip_dim_arrow_style	【DOUBLE_ARROW】控制修剪尺寸的箭头
default_dim_elbows	【YES】控制尺寸弯肘的显示
dim_fraction_format	【DEFAULT】控制工程图中分数尺寸的显示
dim_leader_length	【5.000000】当箭头在导引线之外时,设置尺寸导引线的长度
dim_text_gap	【1.000000】控制尺寸文本和尺寸导引线间的距离
draft_scale	【1.000000】草绘图的比例
draw_ang_units	【ANG_DEG】设置角度尺寸的显示单位
draw_ang_unit_trail_zeros	【YES】控制角度尺寸的显示
dual_digits_diff	【1】控制主尺寸和第二尺寸之间小数点右边的小数位数差
dual_dimension_brackets	【YES】控制带有尺寸单位的括号的显示
dual_dimensioning	【NO】控制尺寸显示的格式
dual_secondary_units	【MM】设置第二尺寸的显示单位
iso_ordinate_delta	【YES】控制纵坐标尺寸线和导引线间偏距
lead_trail_zeros	【STD_METRIC】控制尺寸中前零和后零的显示
ord_dim_standard	【STD_ISO】设置纵坐标尺寸的显示标准
orddim_text_orientation	【PARALLEL】控制纵坐标尺寸文本的方向
parallel_dim_placement	【ABOVE】确定尺寸值在导引线上,还是在导引线下显示
shrinkage_value_display	【PERCENT_SHRINK】按百分数或最终值显示尺寸的收缩率
text_orientation	【PARALLEL_DIAM_HORIZ】控制尺寸文本的显示方位
tol_display	【YES】控制尺寸公差是否显示
tol_text_height_factor	【0.600000】设置公差文本和尺寸文本高度的比例值
tol_text_width_factor	【0.600000】设置公差文本和尺寸文本宽度的比例值
use_major_units	【NO】控制分数尺寸是否用英寸和英尺计量
witness_line_delta	【1.500000】设置导引线超出尺寸导引箭头的延伸量
witness_line_offset	【1.000000】尺寸线和标注尺寸间的偏距值
下面的选项控制文本字体	
参数名称	参数值及说明
default_font	【chfntf】控制文本字体
下面的选项控制导引线的箭头	
参数名称	参数值及说明
draw_arrow_length	【3.500000】设置导引线箭头的长度
draw_arrow_style	【FILLED】设置导引线箭头的类型
dim_dot_box_style	【DEFAULT】对线性尺寸的引导,只控制点和框的箭头样式的显示
draw_arrow_width	【1.000000】设置导引线箭头的宽度
draw_attach_sym_height	【DEFAULT】设置导引线斜杠、积分号和框的高度
draw_attach_sym_width	【DEFAULT】设置导引线斜杠、积分号和框的宽度

续表

下面的选项控制导引线的箭头	
参数名称	参数值及说明
dim_dot_diameter	【DEFAULT】设置导引线点的直径
leader_elbow_length	【6.000000】确定导引弯肘的长度(水平分支与文本连接)
下面的选项控制轴线	
参数名称	参数值及说明
axis_line_offset	【5.000000】设置一线性轴在与它相关的特征上延伸的默认距离
circle_axis_offset	【4.000000】设置圆的十字轴线超出圆边缘的默认距离
radial_pattern_axis_circle	【YES】设置径向阵列特征中，垂直于屏幕的旋转轴的显示模式
下面的选项控制几何公差	
参数名称	参数值及说明
gtol_datums	【STD_IOS_JIS】设置工程图中显示参数基准所遵循的标准
new_iso_set_datums	【YES】控制几何公差中基准的显示
asme_dtm_on_dia_dim_gtol	【ON_GTOL】控制与一个直径尺寸相连的基准的放置
下面的选项控制表、重复区和BOM球标	
参数名称	参数值及说明
dash_supp_dima_in_region	【YES】控制尺寸值在Pro/REPORT表重复区域中的显示
def_bom_balloon_leader_sym	【FILLED_DOT】在表设置BOM球标的箭头(连接点)样式值
model_digits_in_region	【NO】控制二维重复区域中小数位数的显示
下面的选项控制层	
参数名称	参数值及说明
draw_layer_overrider_model	【NO】工程图中层显示设置
ignore_model_layer_status	【NO】对系统是否考虑模型中的层状态进行控制
下面的选项控制模型网格	
参数名称	参数值及说明
model_grid_balloon_size	【0.200000】指定在显示模型网格的绘图中，球标的半径
model_grid_num_dig_display	【0】控制网格坐标系中显示在网格球标中的小数位数
model_grid_offset	【DEFAULT】控制新模型网格球标距视图的偏距
下面的选项控制理论管道弯曲相交点	
参数名称	参数值及说明
show_pipe_theor_cl_pts	【BEND_CL】控制管道图中，中心线和理论交点的显示
pipe_pt_shape	【CROSS】控制管道图中，理论折弯交点的形状
pipe_pt_size	【DEFAULT】控制管道图中，理论折弯交点的大小
杂项选项	
参数名称	参数值及说明
decimal_marker	【COMMA_FOR_METRIC_DUAL】确定第二尺寸中用什么字符来表示小数点
drawing_units	【MM】设置所有工程图参数的单位
line_style_standard	【STD_ISO】设置线型标准
max_balloon_radius	【8.000000】最大球标直径
min_balloon_radius	【8.000000】最小球标直径
node_radius	【DEFAULT】控制符号中节点的显示直径
sym_flip_rotated_text	【YES】反转"旋转文本"符号中颠倒的文本角度
weld_symbol_standard	【STD_ANSI】设置焊接符号标准
yes_no_parameter_display	【TRUE_FALSE】控制工程图注释和表中yes/no参数的显示

3．绘制图幅边框

单击工程图图标板上"草绘"窗口中的"线"图标 ，或单击工程图图标板上的"草绘"，然后移动鼠标在工作区单击鼠标右键，在弹出的快捷菜单中选取"线"命令。再在工作区单击鼠标右键，在弹出的快捷菜单中选取"绝对坐标"或"相对坐标"，如图 6.1.5 所示，并在弹出的输入栏中输入"A3"图幅一条边框线端点的坐标值按回车键，再单击鼠标右键，在弹出的快捷菜单中选取"相对坐标"，并在弹出的输入栏中输入该边框线另一端点的坐标值，按回车键，完成一条图幅边框线的绘制。移动鼠标在工作区选取图幅另一条边框线的端点，单击鼠标右键，在弹出的快捷菜单中选取"相对坐标"，并在弹出的输入栏中输入该边框线另一端点的坐标值按回车键；重复此步骤，并按中键结束，完成图幅边框的绘制。

用鼠标框选所绘制的图幅线后，单击鼠标右键，在系统弹出的快捷菜单中单击"线造型"命令，系统弹出"修改线造型"对话框，如图 6.1.6 所示，在"修改线造型"对话框的"宽度"文本框中输入线宽值 0.15 后，单击对话框中的"应用"按钮，再单击"关闭"按钮，图幅外边框修改完成。

图 6.1.5 绘制图框"坐标值"输入框　　　　图 6.1.6 "修改线造型"对话框

4．绘制标题栏

单击工程图图标板上"表"窗口中的"表"图标 ，系统将弹出"创建表"菜单管理器，如图 6.1.7 所示。移动鼠标依次选取"创建表"菜单管理器中的"降序"、"右对齐"、"按长度"、"选出点"命令，并在绘图区内单击，按信息区提示创建表格，再利用工程图图标板上"表"窗口中的"添加行"、"添加列"、"合并表格"等图标编辑表格，完成标题栏的创建，并将其框选、移动到相应位置上，如图 6.1.8 所示。

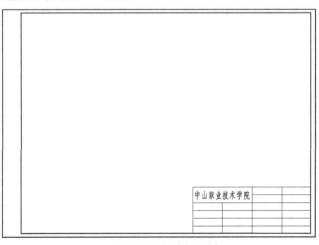

图 6.1.7 "创建表"菜单管理器　　　　　　图 6.1.8 创建标题栏

5. 建立标题栏中的文本

单击工程图图标板上的"表"窗口，依次双击标题栏表格中的单元格，并在系统弹出的"注释属性"对话框的"文本"选项中分别输入单元格中要注释的文本，在对话框的"文本样式"选项中设置文本样式、大小及注释位置，完成标题栏中文本的创建，如图 6.1.8 所示。保存 A3 图幅的工程图格式到指定的文件夹内备用。

注意

> 在工程图界面，可以用上述方法分别建立符合国家制图标准的 A0、A1、A2、A4 工程图格式，并将它们保存到指定的文件夹（如 E:\ProE 5.0 工程图格式文件）中，备用。

实例2　建立支架零件的工程图

建立如图 6.2.1 所示支架零件的工程图。

图 6.2.1　支架零件

参考步骤

1. 建立支架零件工程图文件

进入 Creo Elements / Pro 5.0 界面环境后，移动鼠标单击图视工具"新建"图标 ，或单击主功能菜单中的"文件/新建"命令，系统将弹出"新建"对话框。在"新建"对话框的"类型"选项栏中选择"绘图"，在"名称"文本框中输入文件名称"zhijia01"，去掉"使用缺省模板"前的对号后，单击"确定"按钮，系统将弹出"新建绘图"对话框。如图 6.2.2 所示，在"新建绘图"对话框的"缺省模型"中载入"zhijia01"零件模型，"指定模板"栏内选择"空"，"方向"栏内选择图纸为"横向"，"大小"栏内选择图纸的大小为"A4"，单击对话框中的"确定"按钮，进入建立工程图界面。

2. 设置工程图中的配置文件参数选项

单击主功能菜单中的"文件/绘图选项"命令，系统将弹出绘图"选项"对话框。移动鼠标单击"选项"对话框中的 图标，直接打开保存的配置文件"config.pro"即可（或参考实例 1 步骤 2 进行设置）。符合中国国家标准的工程图配置文

图 6.2.2　"新建绘图"对话框

件参数表如表 6.1.1 所示。

3. 设置图框及标题栏

单击工程图图标板上"布局"窗口中的"叠加"图标 叠加，在系统弹出的"叠加绘图"菜单管理器中单击"放置页面"命令，并在随之弹出的"打开"窗口中选取已保存的 A4 工程图格式文件，单击"打开"、"完成"按钮，已设置好的 A4 图纸图框及标题栏载入绘图窗口，完成图框及标题栏的设置。

4. 建立支架零件的主视图

单击工程图图标板上"布局"窗口中的"一般"图标 ，移动鼠标在工作区放置主视图的位置单击，零件模型将显示在工作区中，同时，系统弹出"绘图视图"对话框。在对话框的"类别"选项栏中选择"比例"，设置视图比例为"1"后，再在对话框的"类别"选项栏中选择"视图类型"，如图 6.2.3 所示，在"模型视图名"选项中选取零件模型的"FRONT"基准方向为主视图的"视图方向"（基准方向与零件模型在建模时选取的草绘平面有关），单击"应用"按钮，完成主视图方向的确定。

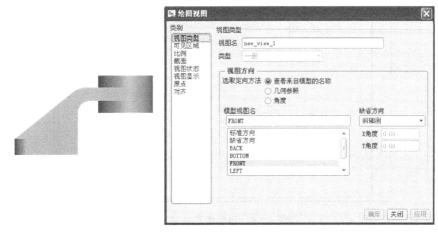

图 6.2.3　确定主视图方向

一般情况下，可以通过单击显示图标 、 和 ，控制图形的显示模式 分别为：视图中不可见边线以实线显示，视图中不可见边线以虚线显示，视图中不可见边线不显示。有时，常用"绘图视图"对话框中的"视图显示"选项来控制图形的显示模式。

如图 6.2.4 所示，在"绘图视图"对话框的"类别"选项栏中选择"视图显示"，在"显示样式"中选取 隐藏线，"相切边显示样式"选取 无，默认其他选项，单击"应用"按钮，完成主视图显示设置。关闭"绘图视图"对话框。

5. 建立支架零件的投影视图

单击主视图，再单击工程图图标板上"布局"窗口中的"投影"图标 投影，移动鼠标分别在工作区放置俯视图、左视图的位置处单击，俯视图、左视图的投影视图分别显示在工作区中。分别点选俯视图、左视图后单击鼠标右键，在弹出的快捷菜单中选取"属性"，系统弹出"绘图视图"对话框。在对话框的"类别"选项栏中选择"视图显示"，如图 6.2.5 所示，在"显示样式"中选取 隐藏线，"相切边显示样式"选取 无，默认其他选项，单击"应用"按钮，完成投影视图的建立。关闭"绘图视图"对话框。

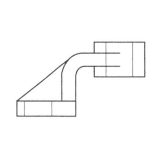
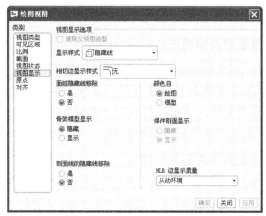

图 6.2.4 主视图显示设置

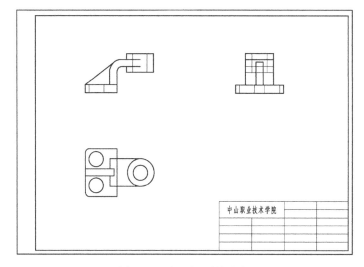

图 6.2.5 投影视图的建立

 注意

在绘图区单击鼠标右键,在弹出的菜单中单击取消"锁定视图移动"前的对号后,可以将窗口中的各视图移动到适当的位置上。

6. 工程图尺寸标注

单击工程图图标板上的"注释"窗口中的"显示模型注释"图标,系统弹出"显示模型注释"对话框,如图 6.2.6 所示,单击对话框中的"尺寸"选项,移动鼠标单击俯视图,俯视图上所有建模尺寸将显示出来。在俯视图上点选保留尺寸后,单击对话框中的"应用"按钮或单击鼠标中键,完成俯视图的尺寸标注。

分别移动鼠标单击主视图、左视图,主视图、左视图上的建模尺寸(其他视图未标注的)将显示出来,点选保留尺寸后,单击对话框中的"应用"按钮或单击鼠标中键,用鼠标将尺寸移动到适当位置上,完成主视图、左视图的尺寸标注,从而完成工程图的尺寸标注,如图 6.2.7 所示。

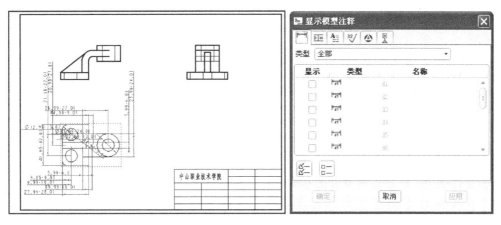

图 6.2.6 "显示模型注释"对话框

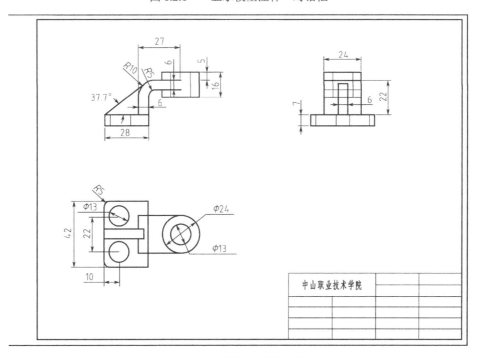

图 6.2.7 标注工程图尺寸

 注意

还可以单击"注释"图标栏中的图标，移动鼠标在视图中进行线性尺寸、圆弧尺寸及角度尺寸的标注。但标注的尺寸不是被驱动尺寸，它们不能驱动零件模型。所以，在标注零件尺寸时，最好标注零件的被驱动尺寸。

此外，标注的尺寸可以移动、删除、拭除和编辑。

移动尺寸：点选要移动的尺寸，移动鼠标，可将尺寸移动至适当位置；或点选尺寸，单击鼠标右键，在弹出的快捷菜单中选取"将项目移动到视图"可以将尺寸移动到其他相关视图上；

删除尺寸：点选尺寸单击鼠标右键，在弹出的快捷菜单中选取"删除"可以将尺寸删除；

> 拭除尺寸：点选尺寸单击鼠标右键，在弹出的快捷菜单中选取"拭除"可以不显示该尺寸；
>
> 编辑尺寸：点选尺寸单击鼠标右键，在弹出的快捷菜单中选取"属性"，在"尺寸属性"对话框中可以修改尺寸标注的格式、添加尺寸公差、添加尺寸前缀或后缀等。

7. 基准轴的标注

如图 6.2.8 所示，单击对话框中的"基准"选项，移动鼠标单击主视图，主视图上所有基准轴将显示出来。在主视图上点选保留的基准轴后，单击对话框中的"应用"按钮或单击鼠标中键，完成主视图基准轴的建立。用同样方法，建立其他视图的基准轴。

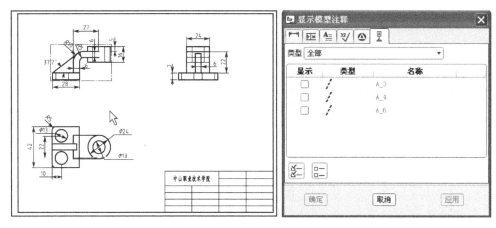

图 6.2.8　建立基准轴

8. 修改工程图中的尺寸文本

用鼠标双击要修改尺寸文本的尺寸ϕ13，如图 6.2.9 所示，在系统弹出的"尺寸属性"对话框的"显示"选项卡的"前缀"文本框中输入"2x"，单击"确定"按钮完成尺寸编辑（重复此操作，可完成所有要编辑的尺寸）。

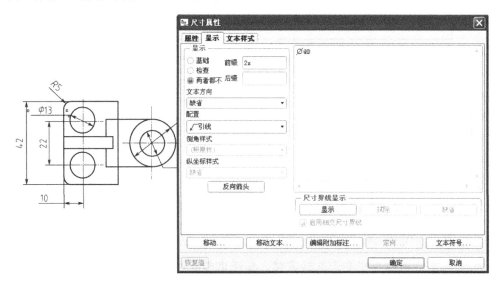

图 6.2.9　编辑工程图尺寸

9．建立支架零件的轴侧图

单击工程图图标板上"布局"窗口中的"一般"图标，移动鼠标在工作区放置零件轴侧视图位置处单击，零件模型将显示在工作区中，同时，系统弹出"绘图视图"对话框。在对话框的"模型视图名"中选取"标准方向"，单击"应用"按钮，完成支架零件轴侧图的建立，如图 6.2.10 所示。

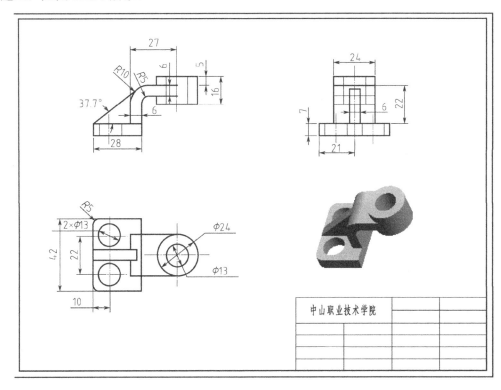

图 6.2.10　建立支架零件的轴侧图

10．保存文件

移动鼠标单击主功能菜单中的"文件/备份"命令，将支架零件工程图与该零件模型保存在同一个文件夹内。

 注意

零件工程图必须与该工程图的零件模型保存在同一个文件夹内，否则工程图文件将无法打开。当修改工程图中的被驱动尺寸值（如用鼠标双击要修改的尺寸，系统弹出"尺寸属性"对话框，修改该对话框中"属性"选项卡内的"公称值"文本框中的尺寸值）时，该工程图零件模型的相应尺寸也随之修改。反之，若改变了零件模型的形状，则该零件模型工程图的图形也会发生相应的变化。

实例 3　建立轴零件的工程图

建立如图 6.3.1 所示轴零件的工程图。

图 6.3.1　轴零件

1. 建立轴零件工程图文件

进入 Creo Elements / Pro 5.0 界面环境后，移动鼠标单击图视工具"新建"图标 ，或单击主功能菜单中的"文件/新建"命令，系统将弹出"新建"对话框。在"新建"对话框的"类型"选项栏中选择"绘图"，在"名称"文本框中输入文件名称"zhou01"，去掉"使用缺省模板"前的对号后，单击"确定"按钮，在系统弹出的"新建绘图"对话框的"缺省模型"中载入"zhou01"零件模型，"指定模板"栏内选择"空"，"方向"栏内选择图纸为"横向"，"大小"栏内选择图纸的大小为"A4"，单击对话框中的"确定"按钮，进入建立工程图界面。

2. 设置工程图中的配置文件参数选项

单击主功能菜单中的"文件/绘图选项"命令，系统将弹出绘图"选项"对话框。移动鼠标单击"选项"对话框中的 图标按钮，直接打开保存的配置文件"config.pro"即可（或参考实例 1 步骤 2 进行设置）。

3. 设置图框及标题栏

单击工程图图标板上"布局"窗口中的"叠加"图标 ，在系统弹出的"叠加绘图"菜单管理器中单击"放置页面"命令，并在随之弹出的"打开"窗口选取已保存的 A4 工程图格式文件，单击"打开"、"完成"按钮，已设置好的 A4 图纸图框及标题栏载入绘图窗口，完成图框及标题栏的设置。

4. 建立轴零件的俯视图

单击工程图图标板上"布局"窗口中的"一般"图标 ，移动鼠标在工作区放置俯视图的位置处单击，零件模型将显示在工作区中，同时，系统弹出"绘图视图"对话框。在对话框的"比例"选项中设置视图比例为"1"后，再在对话框的"模型视图名"选项中选取零件模型的"TOP"基准方向为俯视图的"视图方向"（基准方向与零件模型在建模时选取的草绘平面有关），单击"应用"按钮，完成俯视图方向的确定。

移动鼠标在"绘图视图"对话框的"类别"选项栏中选取"视图显示"，在"显示样式"中选取 ，"相切边显示样式"选取 ，默认其他选项，单击"应用"按钮，完成俯视图的显示设置。关闭"绘图视图"对话框。建立轴零件的俯视图如图 6.3.2 所示。

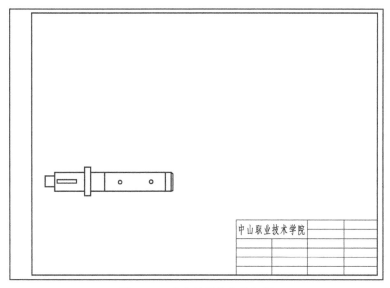

图 6.3.2 建立轴零件的俯视图

5．建立轴零件的剖视图

单击俯视图，再单击工程图图标板上的"布局"窗口中的"投影"图标 投影，移动鼠标在工作区放置主视图的位置处单击，主视图的投影视图显示在工作区中。右键单击主视图后，在弹出的快捷菜单中选取"属性"，系统弹出"绘图视图"对话框。在对话框的"视图显示"选项的"显示样式"中选取 消隐，"相切边显示样式"选取 无，默认其他选项，单击"应用"按钮，完成投影视图的建立。

如图 6.3.3 所示，在对话框的"截面"选项的"剖面选项"中选取"2D 剖面"，单击 ➕ 按钮，系统弹出"剖截面创建"菜单管理器，如图 6.3.4 所示，默认"平面"、"单一"选项后单击"完成"命令，并在信息区输入栏内输入截面名称"A"，按回车键，系统弹出"设置平面"菜单管理器，如图 6.3.5 所示，默认"平面"选项后单击图标板上的"基准平面显示"图标 ，并移动鼠标在俯视图上选取基准平面"FRONT"为剖切平面，单击鼠标中键或"绘图视图"对话框中的"应用"按钮，完成剖视图的创建，如图 6.3.6 所示。

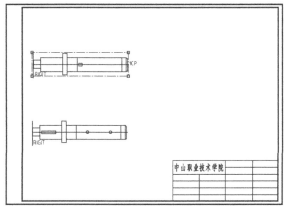 

图 6.3.3 创建剖视图

图 6.3.4 "剖截面创建"菜单管理器　　　　图 6.3.5 "设置平面"菜单管理器

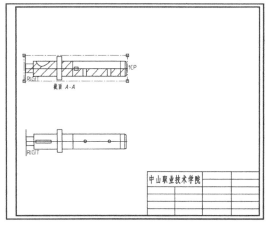

图 6.3.6　创建轴零件的全剖视图

6. 建立轴零件的轴侧图

单击工程图图标板上的"布局"窗口中的"一般"图标，移动鼠标在工作区放置零件轴侧图的位置处单击，零件模型将显示在工作区中，同时，系统弹出"绘图视图"对话框。在对话框的"模型视图名"中选取"标注视图"，单击"应用"按钮，完成轴零件轴侧图的建立，如图 6.3.7 所示。

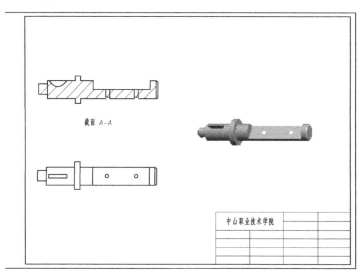

图 6.3.7　建立轴零件的轴侧图

7. 标注工程图的尺寸及基准轴

单击工程图图标板上的"注释"窗口中的"显示模型注释"图标，系统弹出"显示模型注释"对话框，单击对话框中的"尺寸"选项，移动鼠标依次单击轴零件的俯视图、剖视图，点选保留尺寸后，单击对话框中的"应用"按钮或单击鼠标中键，用鼠标将尺寸移动到适当位置，完成轴零件的尺寸标注。

再单击对话框中的"基准"选项，移动鼠标依次单击俯视图、剖视图，并点选保留的基准轴后，单击对话框中的"应用"按钮或单击鼠标中键，完成轴零件基准轴的建立，如图 6.3.8 所示。

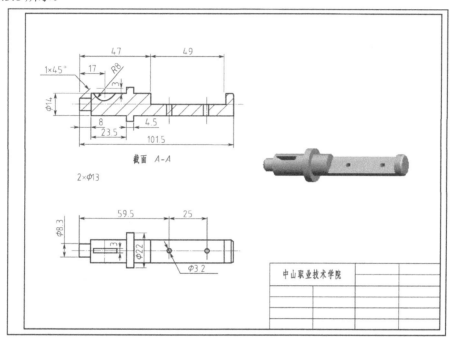

图 6.3.8　标注轴零件的尺寸及基准轴

8. 保存文件

用鼠标单击主功能菜单中的"文件/备份"命令，将轴零件工程图与该零件模型保存在同一个文件夹内。

实例4　建立阀体零件的工程图

建立如图 6.4.1 所示阀体零件的工程图。

图 6.4.1　阀体零件

参考步骤

1. 创建阀体零件实体模型的剖截面

进入 Creo Elements / Pro 5.0 界面环境后,移动鼠标单击图视工具"打开"图标,或单击主功能菜单中的"文件/打开"命令,系统将弹出"打开"对话框。打开已建立的阀体零件"Fati01",用鼠标单击主功能菜单中的"视图/视图管理器"命令,移动鼠标单击图视工具"视图管理器"图标,系统将弹出"视图管理器"对话框。如图 6.4.2 所示,用鼠标依次单击对话框中的"横截面"、"新建"按钮,并在其横截面文本框中输入截面名称"A",按回车键,系统将弹出"剖截面创建"菜单管理器。

如图 6.4.3 所示,移动鼠标依次单击"剖截面创建"菜单管理器中的"偏距"、"双侧"、"单一"、"完成"命令后,移动鼠标点选阀体零件上的草绘平面,完成如图 6.4.4 所示的截面线草图的绘制。再用鼠标右键单击"视图管理器"对话框中的"A"(剖面),并在弹出的菜单中单击"可见性"命令,如图 6.4.5 所示,完成剖截面 A 的建立。然后单击对话框中的"关闭"按钮,保存零件实体模型文件。

图 6.4.2 建立阀体零件的横截面　　　　图 6.4.3 "剖截面创建"菜单管理器

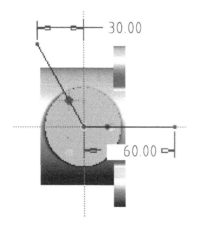

图 6.4.4 截面线草图　　　　图 6.4.5 "视图管理器"对话框

2. 进入建立工程图界面

移动鼠标单击图视工具"新建"图标 □，或单击主功能菜单中的"文件/新建"命令，系统将弹出"新建"对话框。在"新建"对话框的"类型"选项栏中选择"绘图"，在"名称"文本框中输入文件名称"Fati01"，去掉"使用缺省模板"前的对号后，单击"确定"按钮，在系统弹出的"新建绘图"对话框的"缺省模型"中默认"Fati01"零件模型，"指定模板"栏内选择"空"，"方向"栏内选择图纸为"横向"，"大小"栏内选择图纸的大小为"A4"，单击对话框中的"确定"按钮，进入建立工程图界面。

3. 设置工程图中参数选项

单击主功能菜单中的"文件/绘图选项"命令，系统将弹出绘图"选项"对话框。移动鼠标单击"选项"对话框中的 图标，直接打开保存的配置文件"config.pro"。

单击工程图图标板上的"布局"窗口中的"叠加"图标 叠加，在系统弹出的"叠加绘图"菜单管理器中单击"放置页面"命令，并在随之弹出的"打开"窗口选取已保存的 A4 工程图格式文件，单击"打开"、"完成"按钮，已设置好的 A4 图纸图框及标题栏载入绘图窗口，完成图框及标题栏的设置。

4. 建立阀体零件的主视图、俯视图

单击图视工具图标 □ 后，单击工程图图标板上"布局"窗口中的"一般"图标，移动鼠标在工作区放置主视图的位置处单击，零件模型将显示在工作区中，同时，系统弹出"绘图视图"对话框。在对话框"比例"选项中设置视图比例为"0.5"后，在对话框中"模型类型"/"视图方向"中选取"几何参照"选项，移动鼠标依次单击阀体零件模型上的平面确定为主视图的"前"、"顶"参照，如图 6.4.6 所示，单击"应用"按钮。在对话框的"视图显示"选项的"显示样式"中选取 □ 消隐，"相切边显示样式"选取 无，默认其他选项，单击"应用"按钮，完成主视图方向的确定。

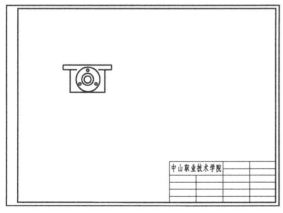

图 6.4.6　建立阀体零件的主视图

单击主视图，再单击工程图图标板上"布局"窗口中的"投影"图标 投影，移动鼠标在工作区放置俯视图的位置处单击，俯视图的投影视图显示在工作区中。右键单击俯视图后，在弹出的快捷菜单中选取"属性"，系统弹出"绘图视图"对话框。在对话框的"视图显示"选项的"显示样式"中选取 □ 消隐，"相切边显示样式"选取 无，默认其他选项，

单击"应用"按钮，完成俯视图的建立。

5．建立阀体的旋转剖视图

单击主视图，再单击工程图图标板上"布局"窗口中的"投影"图标 投影，移动鼠标在工作区放置左视图的位置处单击，左视图的投影视图显示在工作区中。右键单击左视图，在弹出的快捷菜单中选取"属性"，系统弹出"绘图视图"对话框。在对话框的"视图类型"选项的"类型"中选择"一般"，如图6.4.7所示。

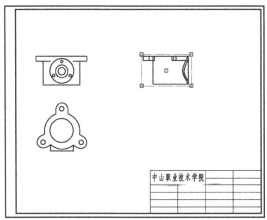 

图 6.4.7　创建旋转剖视图选项

在对话框的"视图显示"选项的"显示样式"中选取 消隐，"相切边显示样式"选取 无，默认其他选项，单击"应用"按钮，完成左视图的建立。

移动鼠标选取"绘图视图"对话框"截面"选项中的"2D剖面"，单击 ➕ 按钮，如图6.4.8所示，在系统弹出的截面选项的"名称"中选取"A"截面，"剖切区域"中选取"全部（展开）"，"视图显示"中点选主视图，单击鼠标中键或"绘图视图"对话框中的"应用"按钮，完成旋转剖视图的创建，如图6.4.9所示，关闭"绘图视图"对话框。

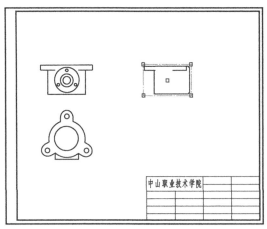 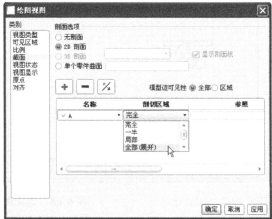

图 6.4.8　创建剖视图选项

第 6 章 零件工程图的建立

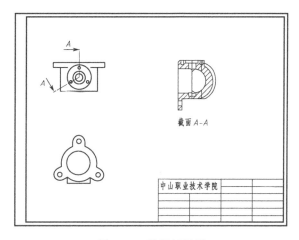

图 6.4.9 旋转剖视图

 注意

通常，可以利用在零件实体模型中建立剖截面的方法，建立零件任何位置的剖视图。也可以按实例 3 创建剖视图的方法，在工程图界面建立零件指定位置的阶梯剖视图和旋转剖视图。

6．建立局部放大视图

单击俯视图，再单击工程图图标板上"布局"窗口中的"详细"图标 ，按信息区提示，在俯视图上点取创建局部视图位置，并移动鼠标在主视图上点取一圆圈图形，绘制创建局部视图范围，按鼠标中键结束。移动鼠标在工作区放置局部视图的位置处单击，完成局部放大视图的创建，如图 6.4.10 所示。

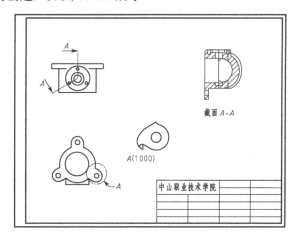

图 6.4.10 局部放大视图

 注意

可在工程图"注释"环境下，双击局部放大视图注释，改变其放大比例。

7. 保存文件

调整视图显示，并标注尺寸（方法同实例 1），完成阀体零件工程图的建立，如图 6.4.11 所示。将此文件保存在阀体零件实体模型所在的文件夹中。

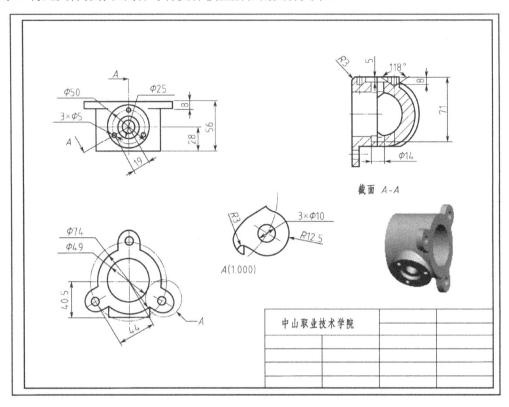

图 6.4.11 阀体零件工程图

 注意

在 Creo Elements / Pro 5.0 工程图中，可以用鼠标右键单击要修改的视图后，在弹出的菜单中单击"属性"命令，利用"绘图视图"对话框"类别"选项栏的"视图类型"、"可见区域"、"比例"、"截面"、"视图状态"、"视图显示"、"原点"和"对齐"选项中的各参数对该视图进行修改。

实例 5　建立底座零件的工程图

建立如图 6.5.1 所示底座零件的工程图。

图 6.5.1 底座零件

参考步骤

1. 创建阀体零件实体模型的剖截面

进入 Creo Elements / Pro 5.0 界面环境后，移动鼠标单击图视工具"新建"图标 □，或单击主功能菜单中的"文件/新建"命令，系统将弹出"新建"对话框。在"新建"对话框的"类型"选项栏中选择"绘图"，在"名称"文本框中输入文件名称"dizuo"，去掉"使用缺省模板"前的对号后，单击"确定"按钮，在系统弹出的"新建绘图"对话框的"缺省模型"中载入"dizuo"零件模型，"指定模板"栏内选择"空"，"方向"栏内选择图纸为"纵向"，"大小"栏内选择图纸的大小为"A4"，单击对话框中的"确定"按钮，进入建立工程图界面。

2. 设置工程图中的配置文件参数选项

单击主功能菜单中的"文件/绘图选项"命令，系统将弹出绘图"选项"对话框。移动鼠标单击"选项"对话框中的 图标，直接打开保存的配置文件"config.pro"即可（或参考实例 1 步骤 2 进行设置）。

3. 设置图框及标题栏

单击工程图图标板上"草绘"窗口中的"线"图标 。然后，在工作区单击鼠标右键，在弹出的快捷菜单中选取"绝对坐标"，并在弹出的输入栏中输入"A4"图幅一条边框线端点的坐标值按回车键，再单击鼠标右键，在弹出的快捷菜单中选取"相对坐标"，并在弹出的输入栏中输入该边框线另一端点的坐标值，按回车键，完成一条图幅边框线的绘制。移动鼠标在工作区选取图幅另一条边框线的端点，单击鼠标右键，在弹出的快捷菜单中选取"相对坐标"，并在弹出的输入栏中输入该边框线另一端点的坐标值按回车键；重复此步骤，并按中键结束，完成图幅边框的绘制。

单击工程图图标板上的"表"窗口中的"表"图标 ，利用系统弹出的"创建表"菜单，按信息区提示创建表格，分别在信息区弹出的输入栏中输入表格的"列距"值与"行距"值，再按住 Ctrl 键选取要合并的表格单元后单击"合并表格"图标编辑表格，完成标题栏表格的创建。

依次双击标题栏表格中的单元格，系统弹出"注释属性"对话框，在对话框的"文本"选项中输入单元格中要注释的文本，在对话框的"文本样式"选项中设置文本样式、大小及注释位置，完成标题栏的创建，此时，A4 图幅边框及标题栏创建完成，如图 6.5.2 所示。

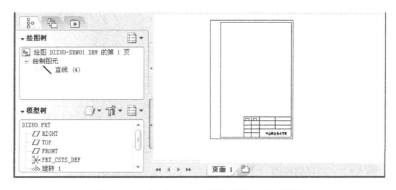

图 6.5.2　创建"A4"图幅边框及标题栏

4. 创建底座零件俯视图

单击工程图图标板上"布局"窗口中的"一般"图标 ，移动鼠标在工作区放置俯视图的位置处单击，零件模型将显示在工作区中，同时，系统弹出"绘图视图"对话框。在对话框"比例"选项中设置视图比例为"0.5"后，再在对话框的"视图类型"选项中输入视图名，选取零件模型的"TOP"基准方向为主视图的"视图方向"（基准方向与零件模型在建模时选取的草绘平面有关），单击"应用"按钮，在对话框的"视图显示"选项的"显示样式"中选取 消隐，"相切边显示样式"选取 无，默认其他选项，单击"应用"按钮，完成俯视图显示设置。关闭"绘图视图"对话框。如图6.5.3所示，完成俯视图的创建。

5. 创建底座零件的主视图

单击俯视图，再单击工程图图标板上"布局"窗口中的"投影"图标 投影，移动鼠标在工作区放置主视图的位置处单击，主视图的投影视图显示在工作区中。右键单击主视图，在弹出的快捷菜单中选取"属性"，系统弹出"绘图视图"对话框。在对话框的"视图显示"选项的"显示样式"中选取 消隐，"相切边显示样式"选取 无，默认其他选项，单击"应用"按钮，完成主视图的显示设置。

右键单击主视图，在弹出的快捷菜单中选取"属性"，系统弹出"绘图视图"对话框。在对话框的"截面"选项的"剖面选项"中选取"2D剖面"，单击 ✚ 按钮，在系统弹出的"剖截面创建"菜单管理器中，默认"平面"、"单一"选项后单击"完成"命令，并在信息区输入栏内输入截面名称"A"，按回车键，系统弹出"设置平面"菜单管理器，默认"平面"选项后单击主图标板上的"基准平面显示"图标，并移动鼠标在俯视图上选取基准平面"FRONT"为剖切平面，单击鼠标中键或"绘图视图"对话框中的"应用"按钮，完成全剖视图的创建，如图6.5.4所示。

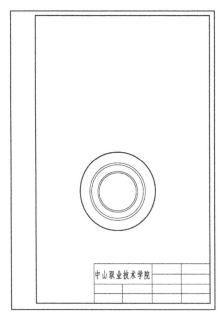
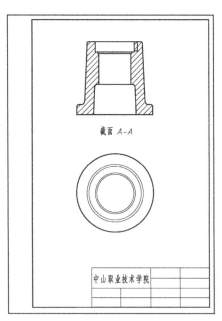

图 6.5.3　创建俯视图　　　　　　图 6.5.4　创建全剖视图

6. 创建底座零件的局部放大视图

单击主视图，再单击工程图图标板上"布局"窗口中的"详细"图标 详细，按信息区提示，在主视图上点取创建局部视图位置，并移动鼠标在主视图上点取一圆圈图形，绘制创建局部视图范围,按中键结束。移动鼠标在工作区放置局部视图位置处单击,完成局部放大视图的创建,如图6.5.5所示。

7. 标注工程图尺寸及基准轴

单击工程图图标板上的"注释"窗口中的"显示模型注释"图标,系统弹出"显示模型注释"对话框,单击对话框中的"尺寸"选项,移动鼠标依次单击主视图、俯视图和局部剖视图,分别在主视图、俯视图和局部剖视图上点选保留尺寸并单击对话框中的"应用"按钮或单击鼠标中键,完成尺寸标注,双击主视图倒角尺寸"2"系统会弹出"尺寸属性"对话框,在对话框"显示"、"后缀"文本框内输入"x45°",单击"确定"按钮完成倒角尺寸的编辑。重复此操作,可完成所有倒角尺寸的编辑。

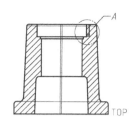

图 6.5.5 创建局部放大视图

再移动鼠标单击工程图图标板上"注释"窗口中的"显示模型注释"图标,系统弹出"显示模型注释"对话框,单击对话框中的"基准"选项,并在"类型"中选择"轴",移动鼠标分别单击主视图、俯视图与局部视图,分别在对话框中选取要显示在视图上的轴,单击"应用"按钮,完成各视图中心线的创建。单击"显示模型注释"对话框中的"取消"按钮,关闭对话框。此时,完成工程图的尺寸标注,如图6.5.6所示。

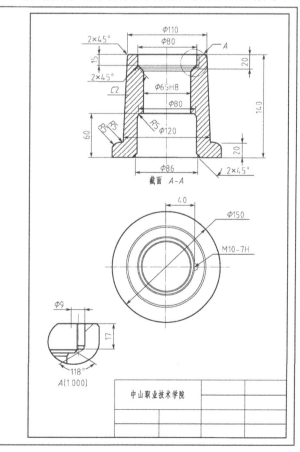

图 6.5.6 标注工程图尺寸

8. 标注底座零件的表面粗糙度

单击工程图图标板上"注释"窗口中的"定制符号"图标，如图 6.5.7 所示，在"定制绘图符号"对话框中选取加工表面粗糙度符号名为"MACHINDE_SYMBOL"，再选择符号放置类型为"图元上"，按图纸标注位置设置属性"角度"，并用鼠标在要标注的位置处单击，在对话框的"可变文本"选项中输入粗糙度值，按中键确定，完成零件一处表面粗糙度的标注。

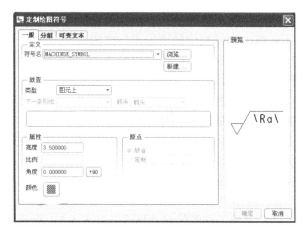

图 6.5.7 "定制绘图符号"对话框

移动鼠标在另一个要标注表面粗糙度的位置处单击，并在"定制绘图符号"对话框中选择符号放置类型与属性，用鼠标在要标注的位置处单击，在对话框的"可变文本"选项中输入粗糙度值，按中键确定，完成零件另一位置表面粗糙度的标注。按上述方法依次进行标注即可。

单击"定制绘图符号"对话框中的"确定"按钮，完成工程图上表面粗糙度的标注，如图 6.5.8 所示。

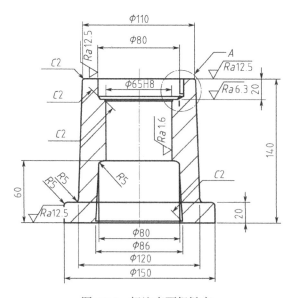

图 6.5.8 标注表面粗糙度

9. 标注底座零件的几何公差

单击工程图图标板上"注释/插入"中的图标 模型基准轴，在系统弹出的"轴"对话框中输入基准轴名称"A"后单击 A，再单击"定义"按钮，在系统弹出的"基准轴"菜单中选取"过柱面"，移动鼠标点选主视图上的圆柱面，单击对话框中的"确定"按钮，完成基准轴"A"的建立，如图 6.5.9 所示。

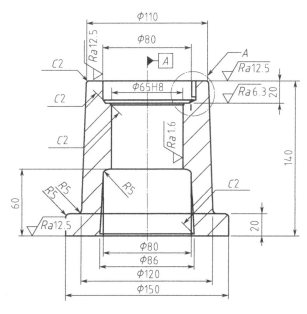

图 6.5.9 建立基准轴

再单击工程图图标板上"注释/插入"中的"几何公差"图标，在系统弹出的"几何公差"对话框中选取"垂直度"，单击"模型参照"中的 选取图元 按钮，选取建立的基准轴"A"，并在"模型参照"放置类型中选取切向引线，移动鼠标在主视图上选取几何公差放置的位置后单击鼠标中键确定。单击对话框"基准参照"中的 图标，移动鼠标单击建立的基准轴"A"后，在对话框的"公差值"中输入"0.02"，单击"确定"按钮，完成垂直度标注。

右键单击创建的基准轴"A"，在弹出的快捷菜单中选取"拭除"命令，将基准轴"A"拭除。

单击工程图图标板上"注释"窗口中的"定制符号"图标，在"定制绘图符号"对话框中选取基准符号名"JZ-symbols"，再选择符号放置类型与属性，用鼠标在要标注的位置处单击，在对话框的"可变文本"选项中选取符号"A"，按中键确定，单击"定制绘图符号"对话框中的"确定"按钮，完成基准符号标注。

10. 标注工程图的技术要求

单击工程图图标板上"注释"窗口中的"注解"图标，在系统弹出的"注解类型"菜单中选取默认选项后，单击"进行注释"命令，并按信息区提示完成技术要求的建立。此时，底座零件模型创建完成，如图 6.5.10 所示。

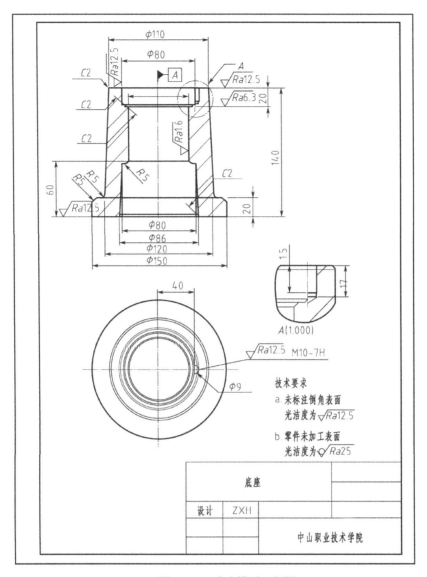

图 6.5.10 底座模型工程图

14. 保存文件

将底座零件的工程图保存在与其零件模型相同的目录下，或导出 AutoCAD（*.dwg）文件到指定目录下，打印图纸。

 习　题

按图 6.7～图 6.13 给出的平口钳装配图及零件工程图要求，完成平口钳零件模型与装配模型的三维建模设计，并创建零件的工程图。

建模思路：

1. 分析平口钳装配示意图，了解平口钳各零件间的装配关系及装配要求，拟定其装配方法与步骤；

2. 分析各零件图，把握各零件的结构特点，拟定其三维建模步骤；

3. 按各零件工程图要求，创建各零件的三维实体模型与平口钳装配模型；

4. 按 GB 要求生成各零件模型的工程图；

5. 对于平垫圈（GB/T 97.112）、螺母（GB/T 6170 M12）及小螺钉（M5×20），查机械设计手册进行设计。

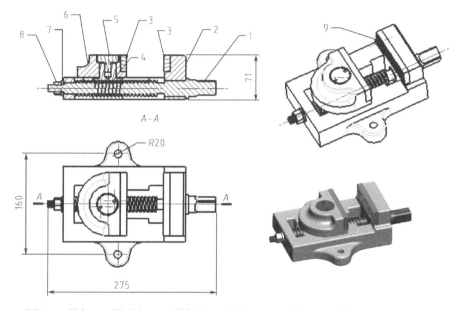

1—螺杆；2—钳身；3—钳口板；4—方块螺母；5—螺钉；6—活动钳口；7—垫圈；8—螺母；9—小螺钉

图 6.7 平口钳装配示意图

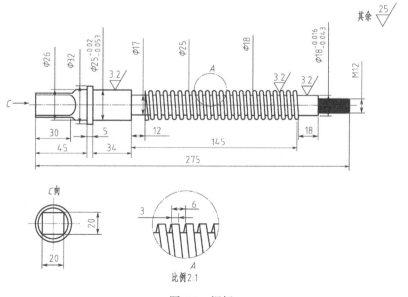

图 6.8 螺杆

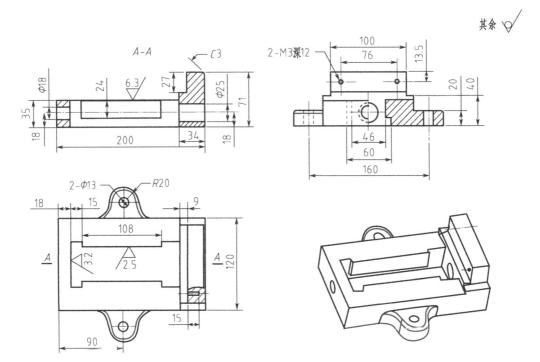

图 6.9 钳身

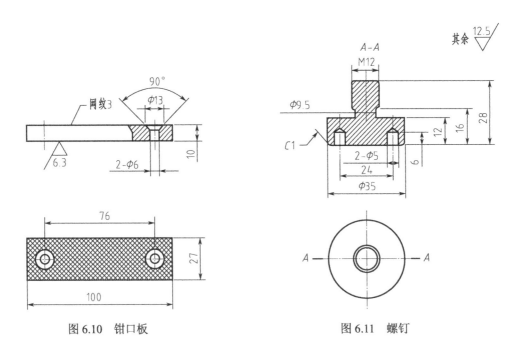

图 6.10 钳口板　　　　　图 6.11 螺钉

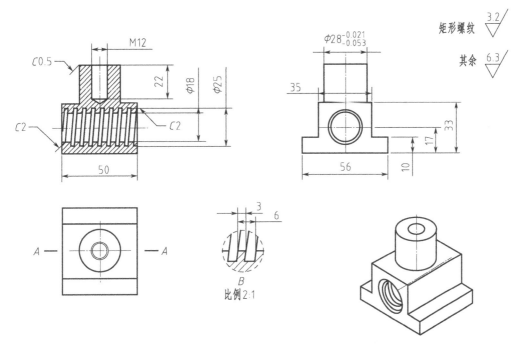

图 6.12 方块螺母

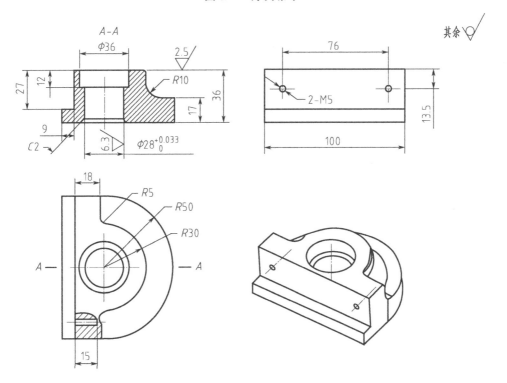

图 6.13 活动钳口

第 7 章 型腔模模型零件的设计

利用 Creo Elements / Pro 5.0 软件进行型腔模模具设计的一般过程是先建立塑料零件的模具模型零件，包括凸凹模型腔、浇注系统、型芯及滑块等，再根据此零件型腔模的模具结构来设计模架，包括固定模板、移动模板、顶杆、复位杆、限位螺钉、导柱、导套、冷却水道、电加热器等。

本章主要通过实例讲述由塑料零件生成该零件模具模型零件的设计步骤。

实例 1　设计手机上盖的模具模型零件

设计如图 7.1.1 所示的手机上盖零件的模具模型零件，一模一腔。该零件的材料为 ABS 塑料，其平均收缩率为 0.5%。

图 7.1.1　手机上盖零件

 参考步骤

1．进入型腔模设计界面

进入 Creo Elements / Pro 5.0 界面环境后，移动鼠标单击图视工具"新建"图标 □，或单击主功能菜单中的"文件/新建"命令，系统将弹出"新建"对话框。如图 7.1.2 所示，在"新建"对话框中选择"制造"/"模具型腔"，在"名称"文本框中输入文件名称"shouji01"，去掉"使用缺省模板"前的对号后，单击"确定"按钮，系统弹出"新文件选项"对话框。

在"新文件选项"对话框中选择绘图单位为"mmns_mfg_mold"（米制），单击"确定"按钮，进入型腔模设计界面，并弹出"模具"菜单管理器，如图 7.1.3 所示。建立模具模型零件工具条各图标的含义如表 7.1.1 所示。

图 7.1.2　"新建"对话框

图 7.1.3　型腔模设计界面及"模具"菜单管理器

表 7.1.1　建立模具模型零件工具条各图标的含义

图标	含　义	图标	含　义
	选择零件/定义零件在模具中的放置与方向		创建分型面
	按比例指定零件收缩值		分割为新的模具体积块
	按尺寸指定零件收缩值		分割现有的消耗其几何的零件
	根据与铸模零件的偏移距离或整体尺寸来创建工件		从模具体积块创建型腔镶嵌零件
	将模具型腔嵌入件添加为模具体积块或进行编辑		执行模具开模分析
	将模具型腔嵌入件添加为模具元件或进行编辑		通过其他零件、面组或第一平面和最后一个曲面来修剪零件
	创建自动分模线,也就是侧面影像曲线		转到模具布局

2．建立参照模型零件

移动鼠标依次单击"模具"菜单管理器中的"模具模型"、"装配"、"参照模型"命令,系统弹出"打开"对话框。在对话框中选取"shouji01"零件,单击"打开"按钮,系统进入参照模型"shouji01"零件的装配界面。

如图 7.1.4 所示,单击装配操作面板上"自动"约束菜单中的 缺省,使得"shouji01"零件的坐标系符合模具的开模方向(若不相同,不能用"缺省"装配,而要按配合关系装配参照模型,使其坐标系符合模具的开模方向),再单击装配操作面板上的图标 ,系统将弹出"创建参照模型"对话框,如图 7.1.5 所示,点选对话框中的"按参照合并",单击"确定"按钮,完成参照模型"shouji01"零件装配。

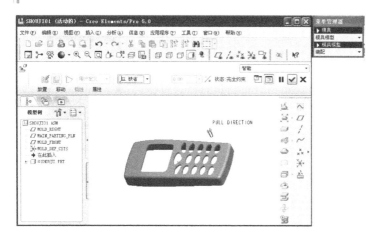

图 7.1.4　参照模型"shouji01"零件装配界面　　　　图 7.1.5　"创建参照模型"对话框

3. 进入建立工件界面

如图 7.1.6 所示，移动鼠标依次点选"模具模型"菜单管理器中的"创建"、"工件"、"手动"命令，系统将弹出"元件创建"对话框。如图 7.1.7 所示，在对话框"类型"栏中选取"零件"，在"子类型"栏中选取"实体"，在"名称"文本框中输入"shouji01work"文件名后，单击"确定"按钮，系统将弹出"创建选项"对话框。

如图 7.1.8 所示，在对话框"创建方法"栏中选取"创建特征"选项，单击"确定"按钮，系统进入建立工件界面。

图 7.1.6　"创建参照模型"对话框

图 7.1.7　"元件创建"对话框　　　图 7.1.8　"创建选项"对话框

4. 建立工件

系统进入建立工件界面后,如图 7.1.9 所示,依次单击"模具模型"/"特征操作"菜单管理器中的"实体"、"伸出项"、"拉伸"、"实体"、"完成"命令,系统进入建立拉伸实体界面。如图 7.1.10 所示。

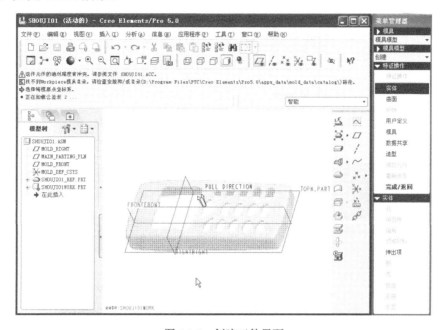

图 7.1.9 创建工件界面

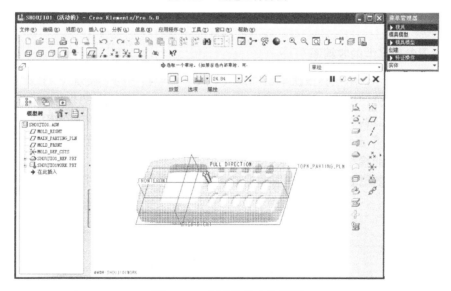

图 7.1.10 创建拉伸实体界面

依次单击拉伸体特征图标板图标 ▢、放置、定义...,系统弹出"草绘"对话框。用鼠标选择基准平面"MOLD_TOP"作为草绘平面,默认基准平面"MOLD_RIGHT"作为草绘参考面(右),单击"草绘"按钮,系统进入拉伸体截面草绘界面,选择基准平面"MOLD_FRONT"和基准平面"MOLD_RIGHT"作为的草绘参照,单击"草绘"按钮,系统进入草绘界面。

使用草绘图视工具图标绘制工件草图，单击草绘图视工具图标 ✓，退出草绘界面。如图 7.1.11 所示，建立两侧高度为 25、15 的拉伸特征，然后单击拉伸特征操作面板中的图标 ✓，再单击特征操作菜单管理器中的"完成/返回"、"完成"命令，完成工件拉伸特征的创建。

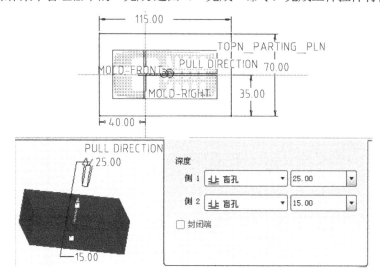

图 7.1.11　工件草图

 注意

在创建工件时，有时也可以利用模型菜单管理器中的"模具模型"、"创建"、"工件"、"自动"命令，利用鼠标选取模型原点，在系统弹出的"自动毛坯"对话框中输入相关参数，由系统自动生成毛坯。

5. 设置参照模型的收缩率

如图 7.1.12 所示，用鼠标依次单击"模具"菜单管理器中的"收缩"、"按比例"命令，移动鼠标单击系统弹出的"按比例收缩"对话框中的图标 1+S，并在"坐标系"中点入系统坐标系，在"按比例收缩"对话框的"收缩率"文本框中输入 ABS 塑料平均收缩比 0.005，如图 7.1.13 所示，单击对话框图标 ✓，单击"模具"/"收缩"菜单管理器中的"完成/返回"命令，完成参照模型收缩率的设置。

图 7.1.12　设置模型参照的收缩率

6. 建立模型的分模线

单击模型图视工具条上的图标 ◎（侧面影像曲线），或用鼠标依次单击"模具"菜单管理器中的"特征"、"型腔组件"、"侧面影像"命令，系统将弹出设置"侧面影像曲线"对话框，如图 7.1.14 所示。

用鼠标单击"侧面影像曲线"对话框中的"环选取"，单击"定义"按钮，系统弹出"环选取"对话框，并在模型上显示所有孔洞边界曲线，如图 7.1.15 所示。在"环选取"对话框中点选"链"选项卡并单击 ≡、下部 按钮，如图 7.1.16 所示，将其显示的孔洞边界曲线链状态由"上部"改为"下部"后，单击"环选取"对话框中的"确定"按钮和"侧面影像曲线"对话框中"确定"按钮，再单击"模具"/"特征"菜单管理器中的"完成"命令，模型分模线建立完成，如图 7.1.17 所示。

图 7.1.13 设置收缩率大小

图 7.1.14 设置"侧面影像曲线"对话框

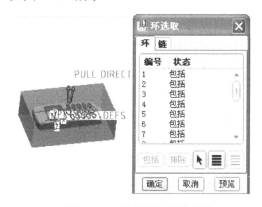

图 7.1.15 设置侧面影像曲线

图 7.1.16 设置侧影线状态

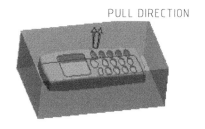

图 7.1.17 创建的模型分模线

7. 建立模型的分型面

单击模型图视工具条上的图标 ◻（曲面）、◎（裙边曲面），或用鼠标依次单击"模具"菜单管理器中的"特征"、"型腔组件"、"曲面"、"新建"、"裙边"、"完成"命令，系统将弹出设置"裙边曲面"对话框及"链"菜单管理器，如图 7.1.18 所示。

移动鼠标单击已创建的分模线，单击"链"菜单管理器中的"完成"命令，再单击"裙边曲面"对话框中的"确定"按钮，模型的分型面创建完成，如图7.1.19所示。

图7.1.18 "裙边曲面"对话框及"链"菜单管理器　　图7.1.19 创建的模型分型面

8. 建立模型体积块

单击模型图视工具条上的图标 （分割体积块），系统将弹出"分割体积块"菜单管理器。如图7.1.20所示，依次单击菜单管理器中的"两个体积块"、"所有工件"、"完成"命令，系统将弹出"分割"对话框和"选取"对话框，如图7.1.21所示，移动鼠标点选已建立的模型分型面，单击鼠标中键确定，再单击"分割"对话框中的"确定"按钮，系统弹出体积块"属性"对话框，如图7.1.22、图7.1.23所示，在对话框中分别输入上、下模体积块的名称"upper_MOLD"、"lower_MOLD"，并单击"属性"对话框中的"确定"按钮，完成模型体积块的建立。

图7.1.20 "分割体积块"菜单管理器

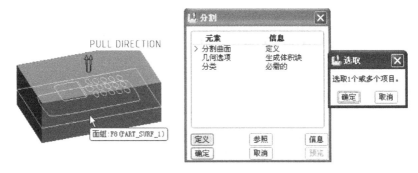

图7.1.21 "分割"对话框及"选取"对话框

图7.1.22 分割的上模体积块"属性"对话框

型腔模模型零件的设计 | 第7章

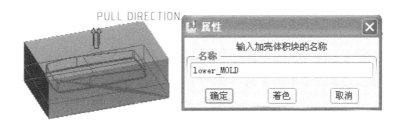

图 7.1.23　分割的下模体积块"属性"对话框

9．建立模块

单击模型图视工具条上的图标 ⚙（型腔插入），系统将弹出"创建模具元件"对话框。如图 7.1.24 所示，单击对话框中的 ≡、[　确定　]按钮，完成模块建立。

10．设置开模形式

在模型树窗口中按住 Ctrl 键选取工件与分型面后单击鼠标右键，在弹出的菜单中单击"隐藏"命令，将工件与分型面隐藏。然后单击模型图视工具条上的图标 ⚙（模具开模），或用鼠标依次单击"模具"菜单管理器中的"模具开模"、"定义距离"、"定义移动"命令，并移动鼠标单击要移动的模块"upper_mold.prt"，按中键确定，再用鼠标在要移动的模块上点选一边来定义模块向上移动的方向，在信息栏文本框中输入沿此边移动的距离 50，按中键确定。

单击"模具"/"模具开模"/"定义距离"菜单管理器中的"定义移动"命令，并移动鼠标单击要移动的模块"lower_mold.prt"，按中键确定，再用鼠标在要移动的模块上点选一边来定义模块向上移动的方向，在信息栏文本框中输入沿此边移动的距离-50，按中键确定。单击菜单管理器中的"完成"命令，完成开模形式的设置（曲面特征和体积特征被隐藏），如图 7.1.25 所示。

图 7.1.24　分割的下模体积"属性"对话框

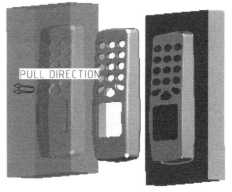

图 7.1.25　设置开模形式

11．生成注塑件

用鼠标依次单击"模具"菜单管理器中的"制模"、"创建"命令后，在信息区文本窗口内输入注塑件名称"Shouji"，按鼠标中键两次确定，完成注塑件的建立。

12．保存文件

用鼠标单击主功能菜单中的"文件/备份"命令，把文件保存在"Shouji01"零件的文件夹中，单击对话框中的"确定"按钮，完成文件的保存。

注意

模具模型一定要和其"参照零件"、"工件"保存在同一个文件夹内,否则模具模型文件将无法打开。模具模型中生成的"模块"零件和注塑件可以另外保存到其他文件目录下。

实例2　设计手柄零件的模具模型零件

设计如图 7.2.1 所示的手柄零件的模具模型零件,一模四腔。该零件的材料为 PC 塑料,其平均收缩率为 0.8%。

图 7.2.1　手柄零件

参考步骤

1. 进入型腔模设计界面

进入 Creo Elements / Pro 5.0 界面环境后,移动鼠标单击图视工具"新建"图标 ,或单击主功能菜单中的"文件/新建"命令,系统将弹出"新建"对话框。在"新建"对话框的"类型"选项栏中选择"制造",在"子类型"选项栏中选择"模具型腔",在"名称"文本框中输入文件名称"shoubing01",去掉"使用缺省模板"前的对号后,单击"确定"按钮,系统将弹出"新文件选项"对话框。

在"新文件选项"对话框中选择绘图单位为"mmns_mfg_mold"(米制),单击"确定"按钮,进入型腔模设计界面,并弹出"模具"菜单管理器。

2. 建立参照模型零件

移动鼠标依次单击"模具"菜单管理器中的"装配"、"参照模型"命令,系统将弹出"打开"对话框。在对话框中选取"shoubing01"零件,单击"打开"按钮,系统进入参照模型"shoubing01"零件的装配界面。如图 7.2.2 所示,装配参照模型,保证图中箭头方向与该零件模具的开模方向相同。再单击装配操作面板上的图标 ,系统将弹出"创建参照模型"对话框,点选对话框中的"按参照合并",单击"确定"按钮,完成参照模型"shoubing01"零件装配。

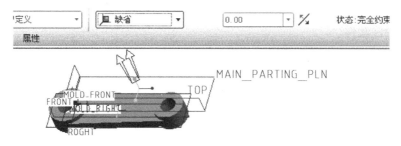

图 7.2.2　装配参照模型

3. 设置模型的收缩率

单击模型图视工具条上的图标 ![icon]（按比例收缩），或用鼠标依次单击"模具"菜单管理器中的"收缩"、"按比例"命令,移动鼠标单击系统弹出的"按比例收缩"对话框中的 1+S, 并在"坐标系"中点入系统坐标系,在"按比例收缩"对话框的"收缩率"文本框中输入 PC 塑料平均收缩比 0.008,单击对话框的图标 ![icon],再单击"模具"/"收缩"菜单管理器中的"完成"命令,完成参照模型收缩率的设置。

4. 建立一模四腔的参照零件

用鼠标依次单击"模型"菜单管理器中的"模具模型"、"阵列"命令,系统进入参照零件阵列界面。如图 7.2.3 所示,在建立阵列特征图标板的选项里选取按"方向"阵列,并选取确定命令方向的基准平面,设置阵列参数后,单击图标 ![icon],完成参照零件的阵列。单击菜单管理器中的"完成"命令,完成一模四腔参照零件的建立。

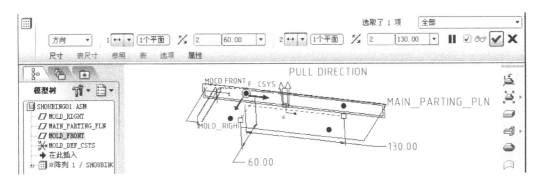

图 7.2.3　参照零件的阵列

5. 进入建立工件界面

移动鼠标依次单击"模具模型"菜单管理器中的"创建"、"工件"、"手动"命令,系统将弹出"元件创建"对话框。在对话框"类型"栏中选取"零件",在"子类型"栏中选取"实体",在"名称"文本框中输入"shoubing01work"文件名后,单击"确定"按钮,系统将弹出"创建选项"对话框。在对话框的"创建方法"栏中选取"创建特征"选项,单击"确定"按钮,系统进入建立工件界面。

6. 建立工件

系统进入建立工件界面后,依次单击"模具模型"/"特征操作"菜单管理器中的"实体"、"伸出项"、"拉伸"、"实体"、"完成"命令,系统进入建立拉伸实体界面。

依次单击拉伸体特征图标板图标 ![icon]、![放置]、![定义...],系统弹出"草绘"对话框。用鼠标选择基准平面"MOLD_TOP"作为草绘平面,默认基准平面"MOLD_RIGHT"作为草绘参考面（右）,单击"草绘"按钮,系统进入拉伸体截面草绘界面,选择基准平面"MOLD_FRONT"和基准平面"MOLD_RIGHT"作为草绘参照,单击"草绘"按钮,系统进入草绘界面。

使用草绘图视工具图标绘制工件草图,如图 7.2.4 所示,单击草绘图视工具图标 ![icon],退出草绘界面。移动鼠标单击拉伸特征板图标 ![icon],并在其文本框中输入拉伸值 40,单击图标 ![icon],再单击特征操作菜单管理器中的"完成/返回"、"完成"命令,完成工件拉伸特征的创建。

7. 建立模型分型面——拉伸面

用鼠标单击模型图视工具条上的图标 (曲面)，系统进入建立分型面界面。单击分型面图视工具条上的图标 (拉伸)，系统将弹出拉伸曲面特征图标板。依次单击拉伸曲面特征图标板图标 、放置 、定义...，系统弹出"草绘"对话框。用鼠标选择工件侧面为草绘平面，默认基准平面"MOLD_TOP"为草绘参照（顶），单击"草绘"按钮，系统进入拉伸曲面截面草绘界面。选择工件上两个互相垂直的边作为草绘参照，使用草绘图视工具图标绘制草图，如图 7.2.5 所示，单击草绘图视工具图标 ✔，退出草绘界面。

移动鼠标单击拉伸特征图标板图标 ，并移动鼠标点选工件另一侧面，单击拉伸特征图标板上的图标✔，完成拉伸面的创建。

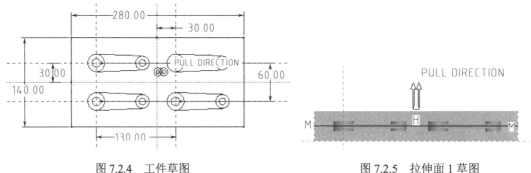

图 7.2.4　工件草图　　　　　　　　　图 7.2.5　拉伸面 1 草图

8. 建立模型分型面——复制面

单击图标 ，弹出"遮蔽/取消遮蔽"对话框，单击"遮蔽/取消遮蔽"，选取"shoubing01work"，单击"遮蔽"按钮，让工件在屏幕中消失，同时隐藏上一步生成的拉伸曲面。或在模型树导航窗口中用鼠标右键单击"shoubing01work"，在弹出的菜单中选取"隐藏"命令，将工件隐藏。

用鼠标点选一个参照零件上任意表面后，单击主功能菜单中的"编辑/复制"、"编辑/粘贴"命令后，按住 Ctrl 键移动鼠标依次点选此参照零件的外侧面及上表面，如图 7.2.6 所示。单击粘贴特征图标板图标 ✔，完成一个参照零件的复制面 1 的创建。用相同方法，复制四个参照零件的曲面，完成复制面的创建。

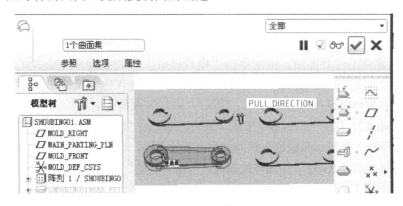

图 7.2.6　复制面

9. 建立模型分型面——合并复制面与拉伸面

按住 Ctrl 键移动鼠标依次点选拉伸曲面、复制面 1，再移动鼠标单击图视工具图标 ⌒，或移动鼠标单击主功能菜单中的"编辑/合并"命令，再单击合并曲面特征图标板图标✔，完成拉伸曲面、复制面 1 的合并。用同样的方法对最近一次合并的曲面与其复制面的合并，完成所有复制面与拉伸面的合并。

10. 建立模型分型面——填充面

单击主功能菜单中的"编辑/填充"命令，并在系统弹出的填充面特征图标板上单击图标 参照 、 定义 ，系统弹出"草绘"对话框。点选参照零件上表面为草绘平面，默认基准平面"MOLD_RIGHT"为草绘参照（右），单击对话框中的"草绘"按钮，系统进入填充面草绘界面。

使用草绘图视工具图标绘制草图，如图 7.2.7 所示，单击草绘图视工具图标✔，退出草绘界面。再单击填充面特征图标板图标✔，完成填充面的创建。

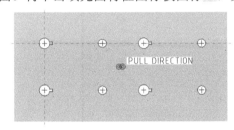
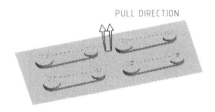

图 7.2.7　填充面草图　　　　　图 7.2.8　创建的分型面

11. 建立模型分型面——填充面与上一合并曲面合并

按住 Ctrl 键移动鼠标依次点选"合并曲面"、"填充面"，再移动鼠标单击图视工具图标 ⌒，或移动鼠标单击主功能菜单中的"编辑/合并"命令，再单击合并曲面特征图标板图标 ✔，完成两曲面的合并。

单击创建分型面界面的图标✔，完成模型分型面的创建，如图 7.2.8 所示。

12. 建立模型体积块

将隐藏的工件取消隐藏后，单击模型图视工具条上的图标 ▦，系统将弹出"模具"/"分离体积"菜单管理器。依次单击菜单管理器中的"两个体积块"、"所有工件"、"完成"命令，系统将弹出"分割"对话框和"选取"对话框。移动鼠标点选已建立的模型分型面，单击鼠标中键确定，再单击"分割"对话框中的"确定"按钮。

分别在系统弹出的体积块"属性"对话框中输入上、下模体积块名称"upper_mold"、"lower_mold"，并单击"属性"对话框中的"确定"按钮，完成模型体积块的建立。

13. 建立模块

单击模型图视工具条上的图标 ⌒（型腔插入），系统将弹出"创建模具元件"对话框。单击对话框中的▤、 确定 按钮，完成模块建立。

14．创建层"LAY0001"

单击导航视窗中的 ▤（显示）下拉图标，在弹出的菜单中单击"层树"命令，系统导航视窗将显示"层树"。

在"层树"导航视窗中单击鼠标右键，在弹出的菜单中选取"新建层"命令，系统将弹出"层属性"对话框。再次单击导航视窗中的 ▤（显示）下拉图标，在弹出的菜单中单击"模型树"命令，系统导航视窗将显示"模型树"。此时，用鼠标依次单击导航视窗"模型树"中的曲面，如图 7.2.9 所示，选取的曲面载入"层属性"对话框中。默认层名称，单击"层属性"对话框中的"确定"按钮，层"LAY0001"创建完成。

图 7.2.9　创建层"LAY0001"

15．隐藏曲面特征

再次单击导航视窗中的 ▤（显示）下拉图标，在弹出的菜单中单击"层树"命令，系统导航视窗将显示"层树"。此时，用鼠标右键单击层树中的层"LAY0001"，并在系统弹出的菜单中单击"隐藏"，层"LAY0001"中的所有曲面隐藏完成。

单击导航视窗中的 ▤（显示）下拉图标，在弹出的菜单中单击"模型树"命令，系统返回"模型树"导航视窗。

16．生成注塑件

用鼠标依次单击"模具"菜单管理器中的"制模"、"创建"命令后，在信息区文本窗口内输入注塑件名称"Shoubing"，按鼠标中键两次确定，完成注塑件的建立。

17．设置开模形式

在模型树窗口中选取创建的工件并单击鼠标右键，在弹出的菜单中单击"隐藏"命令，将工件隐藏。然后单击模型图视工具条上的图标 ▤（模具开模），或用鼠标依次单击"模具"菜单管理器中的"模具开模"、"定义距离"、"定义移动"命令，并移动鼠标单击要移动的模块"upper_mold.prt"，按中键确定，再用鼠标在要移动的模块上点选一边来定义模块向上移动的方向，在信息栏文本框中输入沿此边移动的距离 50，按中键确定。

单击"模具"/"模具开模"/"定义距离"菜单管理器中的"定义移动"命令，并移动鼠标单击要移动的模块"lower_mold.prt",按中键确定,再用鼠标在要移动的模块上点选一边来定义模块向上移动的方向,在信息栏文本框中输入沿此边移动的距离-50,按中键确定。单击菜单管理器中的"完成"命令,完成开模形式的设置,如图7.2.10所示。

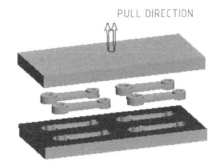

图7.2.10　设置开模形式

18．保存文件

用鼠标单击主功能菜单中的"文件/备份"命令,把文件保存在"Shoubing01"零件的文件夹中,单击对话框中的"确定"按钮,完成文件的保存。

实例3　设计咖啡杯的模具模型零件

设计如图7.3.1所示的咖啡杯零件的模具模型零件,一模一腔。该零件的材料为SAN塑料,其平均收缩率为0.2%。

图7.3.1　咖啡杯零件

1．进入型腔模设计界面

进入Creo Elements / Pro 5.0界面环境后,移动鼠标单击图视工具"新建"图标 □,或单击主功能菜单中的"文件/新建"命令,系统将弹出"新建"对话框。在"新建"对话框的"类型"选项栏中选择"制造",在"子类型"选项栏中选择"模具型腔",在"名称"文本框中输入文件名称"KFbei01",去掉"使用缺省模板"前的对号后,单击"确定"按钮,系统将弹出"新文件选项"对话框。

在"新文件选项"对话框中选择绘图单位为"mmns_mfg_mold"（米制）,单击"确定"按钮,进入型腔模设计界面,并弹出"模具"菜单管理器。

2. 组装参照模型零件

移动鼠标依次单击"模具"菜单管理器中的"装配"、"参照模型"命令,系统将弹出"打开"对话框。在对话框中选取"KFbei01"零件,单击"打开"按钮,系统进入参照模型"KFbei01"零件的装配界面。如图 7.3.2 所示,装配参照模型,保证图中箭头方向与该零件模具的开模方向相同。再单击装配操作面板上的图标✓,系统将弹出"创建参照模型"对话框,点选对话框中的"按参照合并",单击"确定"按钮,完成参照模型"KFbei01"零件装配。

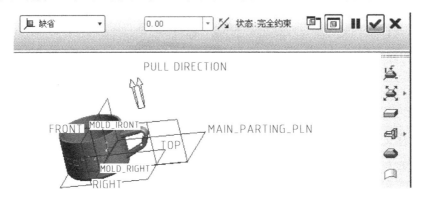

图 7.3.2 装配参照模型

3. 设置模型的收缩率

单击模型图视工具条上的图标（按比例收缩）,或用鼠标依次单击"模具"菜单管理器中的"收缩"、"按比例"命令,移动鼠标单击系统弹出的"按比例收缩"对话框中的 1+s,并在"坐标系"中点入系统坐标系,在"按比例收缩"对话框的"收缩率"文本框中输入 SAN 塑料平均收缩比 0.002,单击对话框的图标✓,单击"模具"/"收缩"菜单管理器中的"完成"命令,完成参照模型收缩率的设置。

4. 进入建立工件界面

移动鼠标依次单击"模具模型"菜单管理器中的"创建"、"工件"、"手动"命令,系统将弹出"元件创建"对话框。在对话框"类型"栏中选取"零件",在"子类型"栏中选取"实体",在"名称"文本框中输入"KFbei01work"文件名后,单击"确定"按钮,系统将弹出"创建选项"对话框。并在对话框"创建方法"栏中选取"创建特征"选项,单击"确定"按钮,系统进入建立工件界面。

5. 建立工件

系统进入建立工件界面后,依次单击"模具模型"/"特征操作"菜单管理器中的"实体"、"伸出项"、"拉伸"、"实体"、"完成"命令,系统进入建立拉伸实体界面。

依次单击拉伸体特征图标板图标 □、放置、定义...,系统弹出"草绘"对话框。选择 "MOLD_FRONT"基准平面作为草绘平面,选取"MAIN_PARTING_PLN"基准平面作为（顶）参考平面后,单击"草绘"按钮,进入草绘界面,选取基准平面作为绘图参考平面后,绘制工件草图,如图 7.3.3 所示。

移动鼠标单击拉伸特征板图标 ,并在其文本框中输入拉伸值 120,单击图标✓,完成工件的建立。单击子菜单管理器中的"完成"命令,完成工件的创建。

6. 建立模型型芯分型面——拉伸面1

用鼠标依次单击模型图视工具条上的图标 （曲面），系统进入建立分型面界面。单击分型面图视工具条上的图标 （拉伸），系统将弹出拉伸曲面特征图标板。依次单击拉伸曲面特征图标板图标 、放置、定义...，系统弹出"草绘"对话框。用鼠标选择工件顶面为草绘平面，默认基准平面"MOLD_RIGHT"为草绘参照，单击"草绘"按钮，系统进入拉伸曲面截面草绘界面。选择两个基准平面为草绘参照，使用草绘图视工具图标绘制草图，如图7.3.4所示，单击草绘图视工具图标 ✓，退出草绘界面。

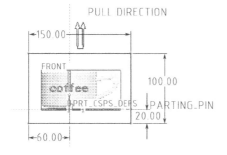
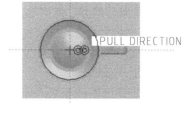

图 7.3.3　工件草图　　　　　　图 7.3.4　拉伸面1草图

移动鼠标单击拉伸特征图标板图标 ，并移动鼠标点选咖啡杯顶面，单击拉伸特征图标板上图标 ✓，完成咖啡杯的拉伸面1创建。

7. 建立模型型芯分型面——复制面

将工件隐藏后，用鼠标点选咖啡杯内任意表面后，单击主功能菜单中的"编辑/复制"、"编辑/粘贴"命令后，按住 Ctrl 键移动鼠标依次点选咖啡杯的内侧面，如图7.3.5所示。单击粘贴特征图标板图标 ✓，完成咖啡杯的复制面创建。

8. 建立模型型芯分型面——合并面

按住 Ctrl 键移动鼠标依次点选拉伸面1、复制面，再移动鼠标单击图视工具图标 ，单击合并曲面特征图标板图标 ✓，完成咖啡杯拉伸面1、复制面的合并。

将工件隐藏取消后，如图7.3.6所示，模型型芯分型面创建完成。单击创建分型面界面的图标 ✓，完成模型型芯分型面的创建。

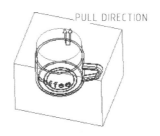

图 7.3.5　创建复制面　　　　　　图 7.3.6　模型型芯分型面

9. 建立模型型腔分型面——拉伸面2

用鼠标依次单击模型图视工具条上的图标 （曲面），系统进入建立分型面界面。单击分型面图视工具条上的图标 （拉伸），系统将弹出拉伸曲面特征图标板。依次单击拉伸曲面特征图标板图标 、放置、定义...，系统弹出"草绘"对话框。用鼠标选择工件侧面为草绘平面，默认基准平面"MOLD_TOP"为草绘参照，单击"草绘"按钮，系统进入拉拉伸曲面截面草绘界面。选择基准平面"MOLD_RIGHT"及工件上下边为草绘参照，使用草绘图视工具图标绘制草图，如图 7.3.7 所示，单击草绘图视工具图标 ✓，退出草绘界面。

移动鼠标单击拉伸特征图标板图标，并移动鼠标点选工件另一侧面，单击拉伸特征图标板上图标 ✓，完成咖啡杯拉伸面 2 的创建。

单击创建分型面界面的图标 ✓，完成模型型腔分型面的创建。

10．建立模型型芯体积

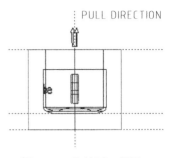

图 7.3.7　拉伸面 2 草图

单击模型图视工具条上的图标，系统将弹出"模具"/"分离体积"菜单管理器。依次单击菜单中的"两个体积块"、"所有工件"、"完成"命令，系统将弹出"分割"对话框和"选取"对话框。移动鼠标点选已建立的模型分型面，单击鼠标中键确定，再单击"分割"对话框中的"确定"按钮。

分别在系统弹出的体积块"属性"对话框中输入上、下模体积块名称"outside_mold"、"inside_mold"，并单击"属性"对话框中的"确定"按钮，完成模型型芯体积的建立。

11．建立模型型腔体积

单击模型图视工具条上的图标，系统将弹出"模具"/"分离体积"菜单管理器。依次单击菜单中的"两个体积块"、"模具体积块"、"完成"命令，系统将弹出"搜索工具"对话框，如图 7.3.8 所示，用鼠标选取对话框"找到 2 项"中欲被分割的型腔体积"outside_mold"（面组 12），单击对话框中的"关闭"按钮，系统将弹出"分割"对话框和"选取"对话框。如图 7.3.9（a）所示，移动鼠标在已建立的模具型腔分型面处单击右键，在弹出的菜单中单击"从列表中拾取"命令，如图 7.3.9（b）所示，在系统弹出的"从列表中拾取"对话框中选取模具型腔分型面后，单击"从列表中拾取"对话框中的"确定"按钮。

图 7.3.8　"搜索工具"对话框

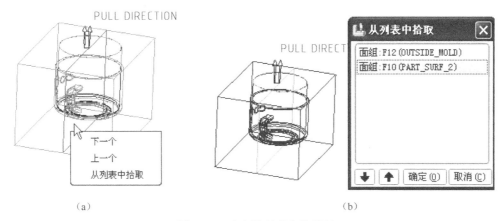

(a)   (b)

图 7.3.9   选取模型型腔分型面

单击鼠标中键确定，再单击"分割"对话框中的"确定"按钮。分别在系统弹出的体积块"属性"对话框中输入上、下模体积块名称"Front_mold"、"Back_mold"，并单击"属性"对话框中的"确定"按钮，完成模型型腔体积块的建立。

12．建立模块

单击模型图视工具条上的图标 ，系统将弹出"创建模具元件"对话框。如图 7.3.10 所示，单击对话框中的 ▤、确定 按钮，完成模块建立。

13．隐藏曲面特征

同实例 2 中步骤 14、步骤 15 的方法，隐藏模型上所有的曲面。

14．生成注塑件

用鼠标依次单击"模具"菜单管理器中的"制模"、"创建"命令后，在信息区文本窗口内输入注塑件名称"KFbei"，按鼠标中键两次确定，完成咖啡杯注塑件的建立。

15．设置开模形式

在模型树窗口中选取创建的工件并单击鼠标右键，在弹出的菜单中单击"隐藏"命令，将工件隐藏。然后单击模型图视工具条上的图标 ，或用鼠标依次单击"模具"菜单管理器中的"模具开模"、"定义距离"、"定义移动"命令，设置沿边移动的距离 50，分别移动型腔模块"Front_mold.prt"及型芯模块"Inside_mold.prt"后，单击菜单管理器中的"完成"命令，完成咖啡杯开模形式的设置，如图 7.3.11 所示。

图 7.3.10   创建模块

图 7.3.11   设置开模形式

16. 保存文件

用鼠标单击主功能菜单中的"文件/备份"命令,把文件保存在"KFbei"零件的文件夹中,单击对话框中的"确定"按钮,完成文件的保存。

习 题

建立如图 7.1~图 7.4 所示的模具零件,并建立其模具型腔、模具型芯及塑件的工程图。

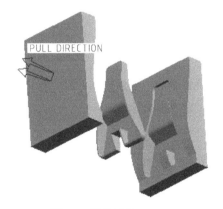 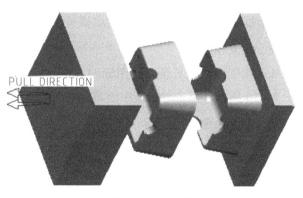

图 7.1　模具零件 1　　　　　　　　　图 7.2　模具零件 2

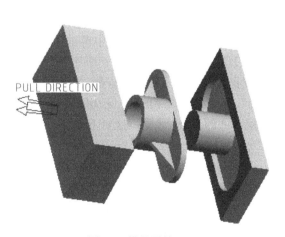 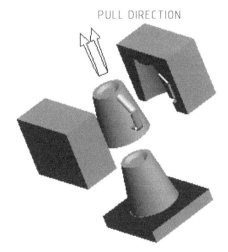

图 7.3　模具零件 3　　　　　　　　　图 7.4　模具零件 4

第 8 章 数控加工基础

Creo Elements / Pro 5.0 软件 NC（数控）加工模块，是利用计算机软件对已建立的实体零件、零件的模具模型零件进行加工毛坯设置、加工程序设置的过程，即设置该加工零件的毛坯、加工工艺，模拟加工并生成适应于数控设备所需的数控加工程序的过程。

Creo Elements / Pro 5.0 软件的 NC 中包括数控铣加工、数控车加工、电火花加工及高级加工等机床加工模块。本章主要通过实例，介绍 Creo Elements / Pro 5.0 软件 NC 中数控铣加工机床加工模块中用"设置切削体积块"来加工毛坯零件的加工方法。

实例　手机模型零件的数控加工

利用 Creo Elements / Pro 5.0 软件 NC（数控）加工模块，对如图 8.1 所示的模具型腔零件（第 7 章实例 1）进行加工毛坯设置与加工程序设置，保证表面粗糙度达到 $\sqrt{1.6}$。

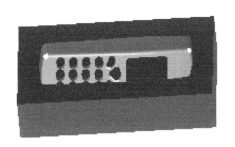

图 8.1　模具型芯 "upper_work" 零件

要求：在分析模具型腔零件的基础上，制订合理可行的数控加工工艺方案，生成加工刀具路径，并进行验证，完成后置处理。加工参考工艺如下：

（1）型腔整体粗加工："粗加工"留加工余量 0.5mm，刀具为 ϕ12 立铣刀。
（2）型腔半精加工："重新粗加工"留加工余量 0.2mm，刀具为 ϕ10 圆鼻铣刀。
（3）表面精加工："精加工"，刀具为 ϕ18 端铣刀。
（4）曲面精加工："腔槽铣削"，刀具为 ϕ6 球头铣刀。

参考步骤

1. 进入 Pro/NC（数控）加工界面

进入 Creo Elements / Pro 5.0 界面环境后，移动鼠标单击图视工具"新建"图标 ，或单击主功能菜单中的"文件/新建"命令，系统将弹出"新建"对话框。如图 8.2 所示，在

"新建"对话框的"类型"选项栏中选择"制造",在"子类型"选项栏中选择"NC 组件",在"名称"文本框中输入文件名称"shouji_NC",去掉"使用缺省模板"前的对号后,在系统弹出的"新文件选项"对话框中选取"mmns_mfg_nc",单击"确定"按钮,进入 NC(数控)加工界面,如图 8.3 所示。建立 NC 加工图视工具条各图标的含义如表 8.1 所示。

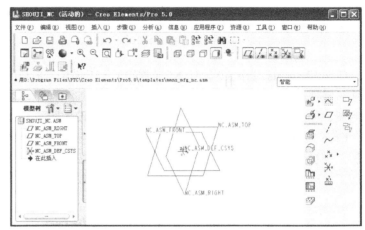

图 8.2 "新建"对话框　　　　　　图 8.3 NC 加工界面

表 8.1 建立 NC 加工图视工具条各图标的含义

图标	含 义	图标	含 义	图标	含 义
	装配参照模型		继承工件		铣削体积块工具
	继承参照模型		合并工件		车削轮廓工具
	合并参照模型		手工创建工件		坯件边界工具
	自动创建工件		铣削窗口工具		钻孔组工具
	装配工件		铣削曲面工具		

2. 建立加工参考模型

移动鼠标单击图视工具图标 (装配参照模型),或单击主功能菜单中的"插入/参照零件/装配"命令,在系统弹出的"打开"对话框中选取要加工的参照模型(第 7 章实例 1 的 upper_mold),单击对话框中的"确定"按钮,系统进入此参照零件的装配界面,如图 8.4 所示,设置参照零件装配位置,单击装配操作面板上的图标 ,完成加工参考模型的建立。

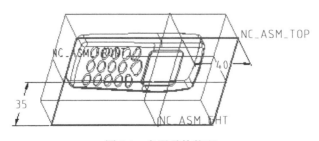

图 8.4 参照零件装配

3. 建立加工毛坯

移动鼠标单击图视工具图标 ▭（新工件），或单击主功能菜单中的"插入/工件/创建"命令，并在信息栏的"输入零件名称"文本框中输入"upper_work"，单击鼠标中键确定，此时，系统弹出"特征类"菜单管理器，如图 8.5 所示。

移动鼠标依次单击"特征类"菜单管理器中的"实体"、"伸出项"、"拉伸"、"实体"、"完成"命令，系统进入建立工件拉伸特征界面。

移动鼠标依次单击拉伸体特征图标板图标 ▭ 、放置、定义，系统弹出"草绘"对话框。用鼠标选择参照模型底面作为草绘平面，选择参照模型侧面作为草绘参考面绘制草图，利用草绘工具 ▭ ，并选取零件周边轮廓线绘制工件拉伸特征草图，如图 8.6 所示。移动鼠标单击拉伸特征板图标 ▭ ，并输入拉伸高度 25，单击图标 ✓，完成工件的建立。

 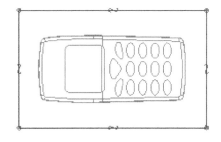

图 8.5 "特征类"菜单管理器　　　　图 8.6 加工工件拉伸特征草图

4. 操作设置——设置机床参数

单击主功能菜单中的"步骤/操作"命令，系统弹出"操作设置"对话框，如图 8.7 所示，在对话框中的"操作名称"文本框中输入该零件操作设置名称"Shouji01_MFG"。如不指定名称，则系统将自动以顺序为"OP010"、"OP020"等的编号作为操作设置名称。

单击"操作设置"对话框中的打开机床设置图标 ▭ ，系统弹出"机床设置"对话框。如图 8.8 所示，在对话框的"机床名称"中默认"MACH01"，"机床类型"选取"铣削"，"轴数（X）"选取"3 轴"，然后在"输出"选项卡中用鼠标单击"刀具补偿"命令，在"输出刀具位置"中选取"刀具边"命令，在"安全半径"文本框中输入 0.05，在"调整拐角"中选取"直"，其他参数选取系统默认值。

图 8.7 "操作设置"对话框

图 8.8 "机床设置"对话框

如图 8.9 所示，在"机床设置"对话框的"主轴"选项卡中"主刀轴"栏中的"最大速度"文本框中输入 20 000，在"马力"文本框中输入 6。

图 8.9 "机床设置"对话框"主轴"选项卡

如图 8.10 所示，在"机床设置"对话框的"进给量"选项卡中"进给量单位"栏中的"快速横移"中选取"MMPM"，在"进给量极限"栏中的"快速进给速度"文本框中输入 1300。

图 8.10 "机床设置"对话框"进给量"选项卡

5．操作设置——设置行程

如图 8.11 所示，在"机床设置"对话框的"行程"选项卡中，可按使用机床行程输入 X、Y、Z 三个运动轴的行程数据（不同机床数据不同）。依次单击"机床设置"对话框中的

"应用"、"确定"按钮,完成机床设置。

6. 操作设置——设置加工零点位置

移动鼠标单击"操作设置"对话框中的"一般"选项卡"参照"栏中的图标,系统弹出"制造坐标系"菜单管理器,如图 8.12 所示。移动鼠标单击图视工具条图标,系统弹出"坐标系"对话框,按住 Ctrl 键,在加工毛坯上点选建立坐标系的三个平面,确定坐标轴方向后,单击对话框中的"确定"按钮,如图 8.13 所示,完成加工零点位置设置。

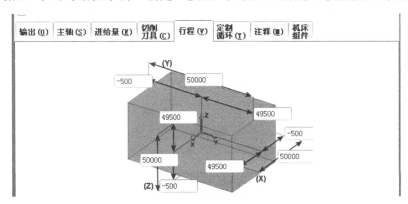

图 8.11 "机床设置"对话框"行程"选项卡

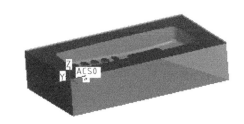

图 8.12 "制造坐标系"菜单管理器   图 8.13 零件机床零点坐标系

 注意

进行加工零点位置的设置时,若加工毛坯上有合适的坐标系可以作为加工零点位置,则可以利用"制造坐标系"菜单中的"选择"命令设置加工毛坯的加工零点位置。

7. 操作设置——设置加工毛坯的退刀面

移动鼠标单击"操作设置"对话框中的"一般"选项卡"退刀"栏中的图标,系统弹出"退刀设置"对话框。

如图 8.14 所示,移动鼠标依次单击"退刀设置"对话框中的"类型"选项中选取"平面"、"参照"内载入加工毛坯上平面,并在下面的文本框中输入加工毛坯加工时在 Z 轴方向的安全高度 50,单击对话框中的"确定"按钮,完成加工毛坯退刀面的设置。

移动鼠标单击"操作设置"对话框中的"应用"按钮后,再单击"确定"按钮,完成加工毛坯的操作设置。

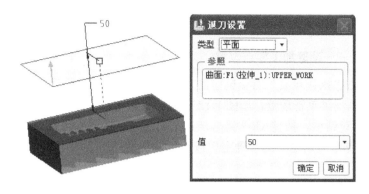

图 8.14　设置退刀平面

8. 定义加工刀具路径——表面和型腔粗加工

移动鼠标单击主功能菜单中的"步骤/粗加工"命令，或单击图视工具栏中的"粗加工"图标，系统弹出"NC 序列"菜单管理器。如图 8.15 所示，在"序列设置"菜单中依次选取"刀具"、"参数"、"窗口"，单击"完成"命令，系统弹出"刀具设定"对话框。

图 8.15　"NC 序列"菜单管理器

如图 8.16 所示，在"刀具设定"对话框的"一般"选项卡中选择"类型"为"铣削"，"单位"为"毫米"，在"几何"栏中分别输入刀具直径 12，刀具长度 100，刀具角半径 6（可根据加工需要选取刀具）。

如图 8.17 所示，在"刀具设定"对话框的"切割数据"选项卡中选取"应用程序"为"粗加工"，设置"切削数据"中的"速度"为"2 300 转/分"，"进给量"为"200 毫米/分"，"轴向深度"为"0.3mm"，"径向深度"为"5mm"。单击"应用"按钮，完成刀具设置。单击"刀具设置"对话框"确定"按钮，系统弹出"编辑序列参数'粗加工'"对话框。

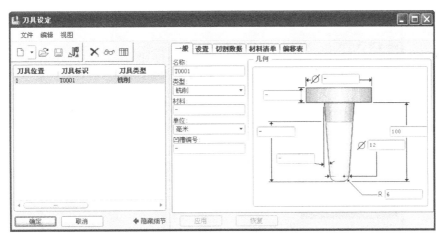

图 8.16　"刀具设定"对话框的"一般"选项卡

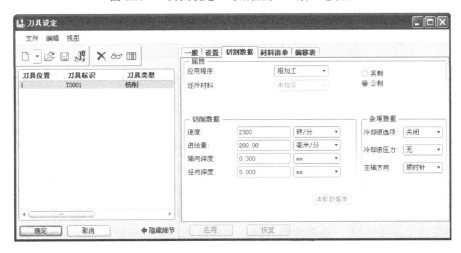

图 8.17　"刀具设定"对话框的"切割数据"选项卡

 注意

一般情况下，设置切削刀具的直径/角半径与刀具切削速度、进给量的参考取值如表 8.2 所示。

表 8.2　切削刀具的直径/角半径与刀具切削速度、进给量的参考取值表

序　号	直径/角半径（mm）	切削速度（r/min）	进给量（mm/min）
1	φ6/R0~3	2800~3000	100~120
2	φ10/R0~5	2500~2800	120~150
3	φ12/R0~6	2000~2500	150~200
4	φ16/R0~8	1500~1800	200~300
5	φ20/R0~10	800~1000	300~500

如图 8.18 所示，设置"切削进给"为 500、"最小步长深度"为 1、"跨度"为 3、"允许粗加工坯件"为 0.5、"最大台阶深度"为 0.5、"内公差"为 0.06、"外公差"为 0.06、"开放区域扫描"选取仿形、"安全距离"为 50、"主轴速率"为 1200、"冷却液选项"为开。

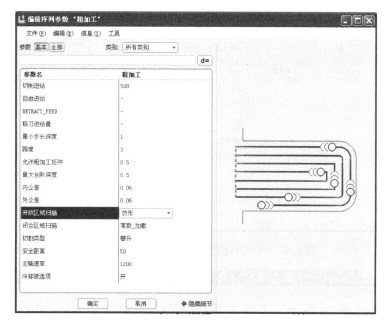

图 8.18 "粗加工"参数设置

单击"编辑序列参数'粗加工'"对话框中的"确定"按钮,弹出如图 8.19 所示的"定义窗口"菜单管理器。移动鼠标单击图视工具条图标 (铣削窗口),或移动鼠标依次选择主功能菜单中的"插入/制造几何/铣削窗口"命令,系统进入定义铣削窗口界面。

系统弹出如图 8.20 所示的"定义窗口"界面,选择图标面板上的图标 (草绘窗口类型),移动鼠标点选工件上平面作为草绘平面,再单击图标面板上的图标 (编辑内部草绘图标),系统弹出"草绘"对话框,确定草绘参照并单击"确定"按钮,系统进入草绘界面。单击草绘工具图标 ,选取零件外缘周边轮廓线,绘制草图,单击草绘工具图标 ,再单击图标面板上的图标 ,完成窗口定义。

图 8.19 "定义窗口"菜单

图 8.20 "定义窗口"界面

如图 8.21 所示,依次单击"NC 序列"菜单管理器中的"播放路径"、"屏幕演示"命令,在弹出的"播放路径"对话框中单击向前播放按钮 ,观察刀具轨迹,关闭"播放路径"对话框。

单击"NC 序列"菜单管理器中的"播放路径"、"NC 检查"命令,再单击"VERICUT"对话框右下角的播放按钮 ,观察仿真加工情形。在"VERICUT"对话框中,单击"Save In Process"文件按钮 ,在系统弹出的对话框中输入文件名,单击"保持"按钮,将切削文件模型保存在 IP 文件中，以备调用。

图 8.21 整体粗加工刀具轨迹

单击"NC 序列"菜单管理器中的"播放路径"、"过切检查"、"零件"命令，移动鼠标点选参照零件后，再依次单击"NC 序列"菜单管理器中的"完成"、"完成"、"运行"命令，信息窗口将显示：没有发现过切。

单击"NC 序列"菜单管理器中的"完成"、"完成"、"完成序列"命令，完成表面和型腔粗加工 NC 序列的定义。

9. 定义加工刀具路径——表面和型腔半精加工

移动鼠标单击主功能菜单中的"步骤/重新粗加工"命令，或单击图视工具栏中的"粗加工"图标，系统弹出"NC 序列"菜单管理器。在"序列设置"中依次选取"刀具"、"参数"、"窗口"，并单击"完成"命令，系统弹出"刀具设定"对话框。

单击"刀具设定"对话框中的"文件/新建"命令，如图 8.22 所示，在"刀具设定"对话框的"一般"选项卡中选择"类型"为"外圆角铣削"，"单位"为"毫米"，在"几何"栏中分别输入刀具直径 10，刀具长度 100，刀具角半径 1，凹槽深度 50。

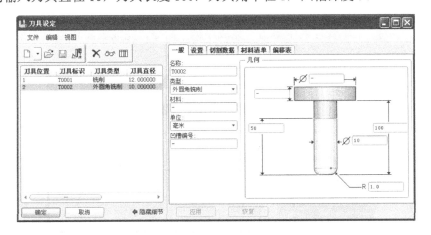

图 8.22 刀具参数设置

在"刀具设定"对话框的"切割数据"选项卡中选取"应用程序"为"粗加工"，设置"切削数据"中的"速度"为"2300 转/分"，"进给量"为"200 毫米/分"，"轴向深度"为"0.2mm"，"径向深度"为"3mm"。单击"应用"按钮，完成刀具设置。单击"刀具设定"

对话框的"确定"按钮，系统弹出如图 8.23 所示的重新粗加工参数设置对话框，按图中参数进行设置，单击"确定"按钮，移动鼠标单击前一步骤定义的铣削窗口，完成窗口定义。

图 8.23 "重新粗加工"参数设置

依次在"NC 序列"菜单管理器中选择"播放路径/屏幕演示"，在弹出的"播放路径"对话框中单击向前播放按钮 ▶，观察刀具轨迹，如图 8.24 所示。

单击"NC 序列"菜单管理器中的"播放路径"、"过切检查"、"零件"命令，移动鼠标点选参照零件后，再依次单击"NC 序列"菜单管理器中的"完成"、"完成"、"运行"命令，信息窗口将显示：没有发现过切。单击"NC 序列"菜单管理器中"完成"、"完成"、"完成序列"命令，完成 NC 序列的定义。

在"NC 序列"菜单管理器中单击"完成序列"命令，完成表面和型腔半精加工 NC 序列的定义。

图 8.24 重新粗加工刀具轨迹

10．定义加工刀具路径——表面精加工

移动鼠标单击主功能菜单中的"步骤/精加工"命令，或单击图视工具栏中的"精加工"

图标，系统弹出"NC 序列"菜单管理器。在"序列设置"菜单管理器中依次选择"刀具"、"参数"、"窗口"，并单击"完成"命令，系统弹出"刀具设定"对话框。

单击"刀具设定"对话框中的"文件/新建"命令，如图 8.25 所示，在"刀具设定"对话框的"一般"选项卡中选择"类型"为"端铣削"，"单位"为"毫米"，在"几何"栏中分别输入刀具直径 18，刀具长度 100。

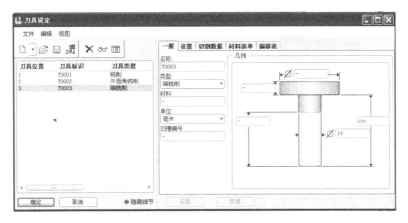

图 8.25　刀具参数设置

在"刀具设定"对话框的"切割数据"选项卡中选取"应用程序"为"精加工"，设置"切削数据"中的"速度"为"3500 转/分"，"进给量"为"150 毫米/分"，"轴向深度"为"0.1mm"，"径向深度"为"10mm"。单击"应用"按钮，完成刀具设置。

单击"刀具设定"对话框的"确定"按钮，系统弹出图 8.26 所示"精加工"参数设置对话框，按图中参数进行设置，单击"确定"按钮，移动鼠标单击前一步骤定义的铣削窗口，完成窗口定义。

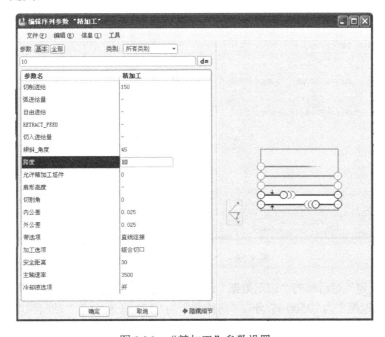

图 8.26　"精加工"参数设置

依次在"NC 序列"菜单管理器中选择"播放路径/屏幕演示",在弹出的"播放路径"对话框中单击向前播放按钮,观察刀具轨迹,如图 8.27 所示。

图 8.27 表面精加工刀具路径

单击"NC 序列"菜单管理器中的"播放路径"、"过切检查"、"零件"命令,移动鼠标点选参照零件后,再依次单击"NC 序列"菜单管理器中"完成"、"完成"、"运行"命令,信息窗口将显示:没有发现过切。单击"NC 序列"菜单管理器中的"完成"、"完成"、"完成序列"命令,完成 NC 序列的定义。

在"NC 序列"菜单管理器中单击"完成序列"命令,完成表面精加工 NC 序列的定义。

12. 定义加工刀具路径——型腔精加工

移动鼠标单击主功能菜单中的"步骤/曲面铣削",或单击"NC 切削"工具栏中的"曲面铣削"图标,系统弹出"NC 序列"菜单管理器。在"序列设置"中依次选取"刀具"、"参数"、"曲面"、"定义切削",单击"完成"命令,系统弹出"刀具设定"对话框。

单击"刀具设定"对话框中的"文件/新建"命令,如图 8.28 所示,在"刀具设定"对话框的"一般"选项卡中选择"类型"为"球铣削","单位"为"毫米",在"几何"栏中分别输入刀具直径 6,刀具长度 50,凹槽深度 30。

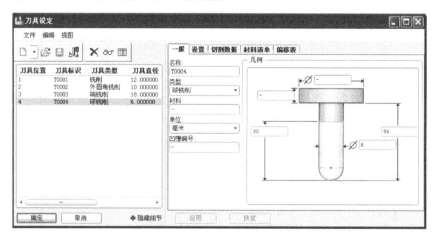

图 8.28 "刀具设定"对话框

在"刀具设定"对话框的"切割数据"选项卡中选取"应用程序"为"精加工",设置"切削数据"中的"速度"为"3500 转/分","进给量"为"150 毫米/分","轴向深度"为"0.1mm","径向深度"为"0.1mm"。单击"应用"按钮,完成刀具设置。单击"刀具设定"对话框的"确定"按钮,系统弹出如图 8.29 所示的精加工参数设置对话框,按图中参数进行设置,单击"确定"按钮，系统弹出如图 8.30 所示的"NC 序列"/"曲面拾取"菜单管理器。

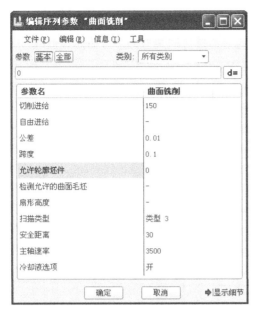

图 8.29 "曲面铣削"参数设置对话框　　图 8.30 "NC 序列"菜单管理器

 注意

在"曲面铣削"参数设置对话框中，"扫描类型"制造参数的设置是 NC 序列按相关制造参数的设置与制造几何目标形态，计算出来的刀具轨迹方式与类型。其中：

● 类型 1——是指以单一方向来回进行加工，当遇到凸起阻碍特征时，会提高刀具至退刀面，以越过凸起阻碍特征，并会沿阻碍特征轮廓进行加工；当遇到凹口阻碍特征时，则忽略凹口阻碍特征进行加工。

● 类型 2——是指以单一方向来回进行加工，当遇到凸起阻碍特征时，会沿凸起阻碍特征轮廓绕过，最后沿阻碍特征轮廓进行加工；当遇到凹口阻碍特征时，则忽略凹口阻碍特征进行加工。

● 类型 3——是指以单一方向来回进行加工，当遇到凸起阻碍特征时，会分区加工，以越过阻碍区域，最后沿阻碍特征轮廓进行加工；当遇到凹口阻碍特征时，则忽略凹口阻碍特征进行加工。

● 类型螺旋——是指以螺旋轨迹进行加工，当遇到凸起阻碍特征时，会分区加工，以越过阻碍区域，最后沿阻碍特征轮廓进行加工；当遇到凹口阻碍特征时，则忽略凹口阻碍特征进行加工。

● 类型 1 方向——是指以单一方向进行加工，当遇到凸起阻碍特征时，会提高刀具至退刀面，以越过凸起阻碍特征，最后沿阻碍特征轮廓进行加工；当遇到凹口阻碍特征时，则忽略凹口阻碍特征进行加工。

● 类型 1 连接——是指以单一方向提刀进行加工，当遇到凸起阻碍特征时，会先越过凸起阻碍特征，然后沿阻碍特征轮廓进行加工；当遇到凹口阻碍特征时，则忽略凹口阻碍特征进行加工。

隐藏加工毛坯，依次单击"NC 序列"/"曲面拾取"菜单管理器中的"模型"、"完成"命令，鼠标窗选参照模型内所有的曲面，如图 8.30 所示，再单击"NC 序列"/"曲面拾取"菜单管理器中的"完成"、"完成"命令，系统弹出"切削定义"对话框。

如图 8.31 所示，在"切削定义"对话框中选择切削类型为"自曲面等值线"，单击"确定"按钮，完成曲面精加工刀具路径创建。

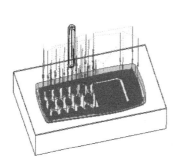

图 8.30　选取曲面

图 8.31　"切削定义"对话框

依次在"NC 序列"菜单管理器中选择"播放路径/屏幕演示"，在弹出的"播放路径"对话框中单击向前播放按钮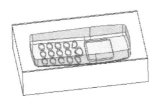，观察刀具轨迹，如图 8.32 所示。

图 8.32　曲面刀具轨迹

单击"NC 序列"菜单管理器中的"播放路径"、"过切检查"、"零件"命令，移动鼠标点选参照零件后，再依次单击"NC 序列"菜单管理器中的"完成"、"完成"、"运行"命令，信息窗口将显示：没有发现过切。单击"NC 序列"菜单管理器中的"完成"、"完成"、"完成序列"命令，完成 NC 序列的定义。

在"NC 序列"菜单管理器中单击"完成序列"命令，完成型腔精加工 NC 序列的定义。

12．保存 NC 程序

按住 Shift 键移动鼠标在模型树窗口中选取已定义的 4 个加工刀路，单击鼠标右键，在系统弹出的菜单中选取"播放路径"命令,并在系统弹出的"播放路径"对话框中单击向前播放按钮,生成刀具轨迹后,单击"播放路径"对话框中的"CL 数据"切换按钮,可打开加工刀具轨迹数据显示区,如图 8.33 所示,查看 NC 序列加工刀具轨迹文字数据,单击"播放路径"对话框中的"文件/保存"命令,保存这 4 个加工刀路的 NC 程序。根据加工需要,也可以分别播放每个刀路的加工路径后,分别保存。

图 8.33 加工刀具轨迹数据显示区

小知识

数控接口

一般情况下,可以利用 Pro/E 软件建立的实体、曲面或零件工程图另存为*.DWG、*.DXF、*.INSG 等文件,建立面向其他二维、三维软件的文件,以实现 Pro/E 软件与 AutoCAD、Solidworks、Mastercam、UG、Cimatron 等软件实体特征、曲面特征或零件平面图的相互转换。

实体或曲面进行数控加工时,一般多把 Pro/E 软件中的实体或曲面转换到 Mastercam、Cimatron 等软件中,然后在 Mastercam、Cimatron 等软件中进行加工。

 习 题

利用 Creo Elements / Pro 5.0 软件 NC(数控)加工模块,对如图 8.34 所示的模具型芯零件(第 7 章实例 1)进行加工毛坯设置与加工程序设置,保证表面粗糙度达到 1.6。

图 8.34 模具型芯"lower_work"零件

要求:在分析模具型芯零件的基础上,制订合理可行的数控加工工艺方案,生成加工刀具路径,并进行验证,完成后置处理。

型芯路径上加工不到的位置可用电火花加工(略)。